U0745084

数字影像技术专业理实一体化活页式教材

短视频 拍摄与制作

主　编：黄玲愉
副主编：吴俊声　叶高笋

厦门大学出版社　国家一级出版社
XIAMEN UNIVERSITY PRESS　全国百佳图书出版单位

图书在版编目（CIP）数据

短视频拍摄与制作 / 黄玲愉主编 ；吴俊声，叶高笋副主编. -- 厦门 ：厦门大学出版社，2024. 12. -- ISBN 978-7-5615-9425-4

Ⅰ. TB8 ；TN948.4

中国国家版本馆 CIP 数据核字第 20249XD170 号

短视频拍摄与制作

DUANSHIPIN PAISHE YU ZHIZUO

策划编辑	张佐群
责任编辑	施高翔
美术编辑	蔡炜荣
技术编辑	许克华

出版发行	厦门大学出版社
社　　址	厦门市软件园二期望海路 39 号
邮政编码	361008
总　　机	0592-2181111　0592-2181406(传真)
营销中心	0592-2184458　0592-2181365
网　　址	http://www.xmupress.com
邮　　箱	xmup@xmupress.com
印　　刷	厦门集大印刷有限公司

开本	787 mm×1 092 mm　1/16
印张	16.5
字数	352 千字
版次	2024 年 12 月第 1 版
印次	2024 年 12 月第 1 次印刷
定价	68.00 元

本书如有印装质量问题请直接寄承印厂调换

厦门大学出版社
微信二维码

厦门大学出版社
微博二维码

前 言

　　"短视频拍摄与制作"是数字影像技术专业的岗位核心课程，是依据《国家职业教育改革实施方案》提出的"三教"改革与产教融合理念，并依照现代数字影像技术专业群人才培养方案要求，以培养复合型技术技能人才为目标，通过开展行业调研和企业实践专家访谈会，将提取到的典型工作任务进行转化而形成的专业一体化课程。课程内容紧密结合思政元素，做到理实一体、德技并修。

　　本书是"短视频拍摄与制作"课程的配套教材，全书共 11 个模块，29 个任务，内容包括短视频定位、短视频拍摄准备、短视频拍摄技巧、短视频拍摄策划与实施、Premiere 界面功能分布、Premiere 窗口面板介绍、视频修剪与合成、视频运动调节、效果过渡技巧、色彩原理解析、视频调色操作等，可以作为相应专业的岗位核心课程教材使用。

特色创新

一、科学构建知识技能体系，实现专业一体化课程教学模式的覆盖

　　本书严格按照人力资源和社会保障部印发的《推进技工院校工学一体化技能人才培养模式实施方案》的要求，由开发团队经过多次研讨、论证，确定核心知识与技能体系，形成了融教、学、做、测、评为一体的教材内容和体系。

二、采用活页式、工作手册式设计方式，并配备丰富的教学资源

　　本书以学生为中心、以工作过程为导向，将企业的岗位要求和工作过程有机融入其中。此外，本书还配备丰富的教学资源，包括课前微课、PPT 课件、电子教案、教学大纲、章节小测等，方便教师使用及参考。

三、创新教学评价体系，多方面、多层次进行综合评价

　　本书在编写过程中，综合考虑教学活动的具体实施情况，将评价主体分为学生、小组和教师，将评价维度分为课前预习、专业知识、学习态度、团队素养、任务实施、复

盘总结和课后拓展，构建"三主体七维度"教学评价体系。通过对学生课前、课中和课后三个阶段的综合评价，全过程多元化考核学生的知识、技能和素养目标的达成程度。

四、采用"三段课、七环节"教学实施策略，有效达成学习目标

本书在编写过程中，为有效达成学习目标，采用"三段课、七环节"的教学实施策略。"三段课"分别是课前导学、课中研学和课后拓学。"七环节"分别是学、工、知、策、做、评、拓。

- 学——课前学习：课前自主预习新课内容，完成课前测试，检验预习效果。
- 工——明确任务：导入真实岗位的工作任务情景及内容，激发学生的学习兴趣，并明确本课的学习目标和重点内容。
- 知——获取信息：运用多种教学方法及手段对课程内容展开讲解。采用问题引导，激发学生对本课内容的思考，达到探究式学习目的；通过知识讲授，使本课重难点与所探究问题形成呼应，帮助学生吸收内化。
- 策——计划决策：各小组针对任务进行探讨，并做出最优实施计划的决策。
- 做——实施任务及检查反馈：各小组根据任务要求实施任务，并做好过程监控。实训操作过程与企业任务趋同，能提前让学生感知企业工作，培养职业意识。
- 评——评价反馈：召开复盘会，各小组进行成果展示，并进行综合评价。
- 拓——巩固拓展：课后引导学生自主探究，学以致用，延伸教学时空，实现知识迁移，帮助学生扩展视野。

五、坚持立德树人，落实思政及素养教学

本书将素养教学与职业技能相融合，充分挖掘"短视频拍摄与制作"课程中所蕴含的德育元素，在专业知识中融入与社会主义核心价值观、创新思维、服务意识、责任意识和社会责任感等相关的内容，以润物无声的方式将正确的价值观传递给读者。

本书可作为中职、高职和本科院校的数媒类、财经商贸大类等相关专业的教材，同时也可供广大数字影像技术、新媒体从业人员和社会人士阅读参考。

本书在编写过程中得到了象屿集团的大力支持。象屿集团为本书提供了大量的任务背景、案例以及情景素材支撑，同时提供了诸多相关资料。在此，对象屿集团及其工作人员致以诚挚的谢意！

本书由黄玲愉、邓炜明担任主编。由于时间及编者水平有限，书中难免有不当及疏漏之处，恳请各界人士批评指正，并提出宝贵意见，以便本书日后再版时臻于完善。

编　者

2024 年 11 月

目　录

01

项目一　短视频定位

　　短视频定位是视频创作的前提和方向，无论是为了塑造专业度，还是满足目标用户的喜好或利益诉求，定位都是最根本的环节。只有做好了定位，才能在后续的视频创作中做到事半功倍。本项目主要针对短视频内容定位和目标用户定位的方法展开讲解。

建议课时：4课时

学习目标

知识目标	技能目标	思政素养目标
• 能概述定位内容领域的方法和流程； • 能说出人设的概念； • 能简要说明构建用户画像的方法。	• 能根据引导独立完成短视频用户及内容定位。	• 短视频内容要展现真实、健康的生活，传递积极向上的精神； • 坚持以社会主义核心价值观为引导，积极创作优质内容。

课程导图

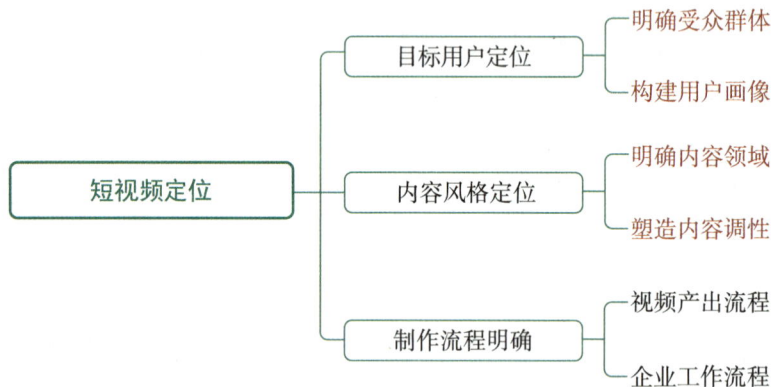

案例导入

在乡村振兴的大背景下，很多大学生毕业返乡，通过各种各样的方式为家乡建设贡献一份力量。小万就是其中的一员。他想成为一名短视频博主，通过短视频分享家乡的文化、特产等，帮助家乡农产品打开销路。

小万虽然有着很强烈的动力，但此前并没有深入接触过短视频，对短视频的认知比较肤浅。因此他在制定计划时发现视频的输出方向、呈现风格等都不太明确，没有准确的定位，导致后续的视频创作无法开展。

为了解决这个问题，小万研究了大量的同类型账号，并得出一个结论：要做好定位，必须明确视频的内容领域和风格，并且要掌握目标用户群体的特征。只有做好了这两点，才能创作出受目标用户喜欢的视频内容。

课程导图中红色字对应内容为本项目的重点，全书同。

【思考】

认真思考以下问题，并带着疑问进入课堂寻找答案吧。

1. 用户画像是什么？它有什么作用？

2. 短视频的主流内容形式有哪些？

3. 如何理解内容调性？在短视频领域如何塑造内容调性？

任务 1　目标用户定位

在短视频领域，目标用户是指短视频内容的主要受众群体，或是创作者心中的理想用户。在创作短视频伊始就要明确目标用户，知道视频拍给谁看、谁会喜欢，如此才能匹配更精准的内容，在内容产出上才更有针对性。

本任务主要从以下两个方面展开讲解：

➤ 明确受众群体

➤ 构建用户画像

一、　明确受众群体

在短视频未发布到平台账号前，自然没有数据产生，也无法通过分析自己账号的数据来明确受众群体。因此在定位阶段，只能借助竞品账号作为对标来明确受众群体。这种方法是比较常用的，在此环节主要有如下两个操作步骤：

1. 寻找竞品账号

从内容出发，找到同类竞品账号。通过关键词搜索相关的视频内容或话题，找到同类型的创作者博主，关注后平台会推荐"你可能感兴趣"的博主，如图 1-1 所示；遇到同类视频点赞收藏，系统就会不断推送同类内容，这样就可以找到很多同类账号。

按照上面的方法，找到同类的竞品账号并记录下来。

图 1-1　寻找竞品账号

2. 对标竞品用户

查找竞品数据，对标它们的目标用户。获取竞品用户数据的渠道有很多，比较常用且免费的途径主要有如下两种：

（1）巨量百应。登录"巨量百应"，在"成长中心—收藏作者—添加作者"中输入竞品的抖音号（如图 1-2 所示），就能看到竞品的粉丝数据。

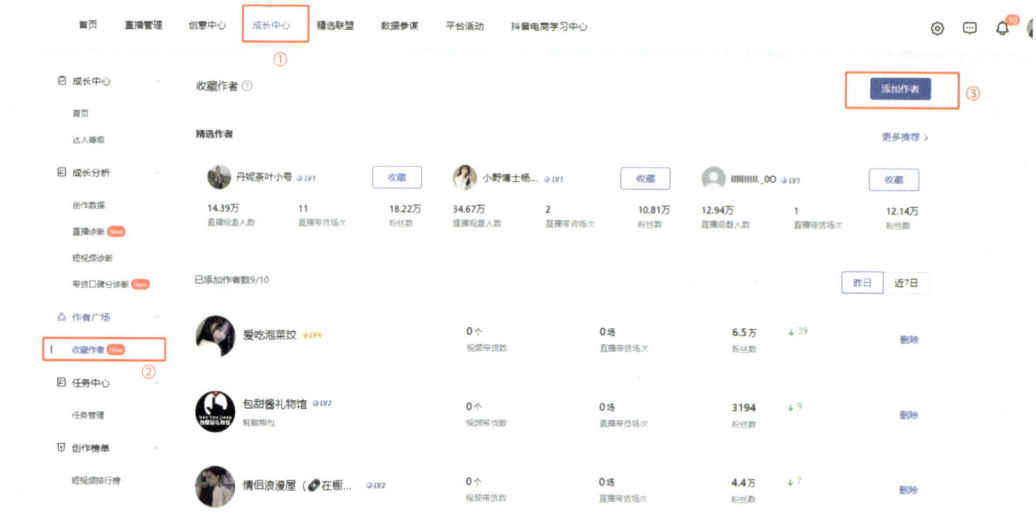

图 1-2　巨量百应

获取到的数据包括粉丝特征和消费偏好，如图 1-3 所示。

图 1-3 竞品用户数据

（2）第三方数据平台。如"蝉妈妈""飞瓜数据"等第三方数据平台，都能免费查看达人的粉丝数据；虽然提供的数据并不多，但平台提供达人监控功能，如图 1-4 所示。监控数据可以获取点赞、评论、转发的实时增量和对应时间。

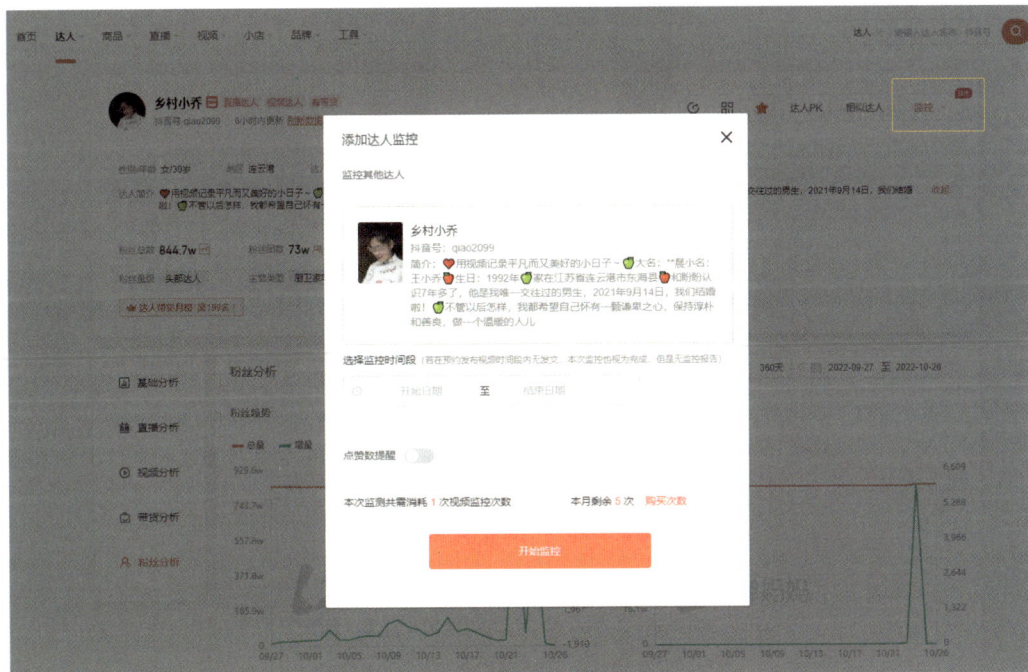

图 1-4 第三方数据平台

除以上两种比较直观的方式外，还可以通过行业研究报告、广告投流报告等方式获取更多关于用户的数据。

二、构建用户画像

用户画像又称用户角色，是通过收集与分析消费者的数据，抽象模拟出的一种调查分析报告，是用户信息标签。构建用户画像，有助于进行人群细分，确定核心受众，从而使视频内容或营销计划更具有针对性。

在充分获取用户信息数据之后，构建用户画像要经历如下两个环节：

1. 对用户数据进行归类

为了使数据更符合画像构建需求，就要对获取到的数据进行归类。站在整体角度上，数据可以按照用户特征归为信息数据、行为数据两大类，如图 1-5 所示。

图 1-5　用户特征归类

如果获取到的数据有限，无法按照用户特征进行归类，也可以按照"4W"（Who、When、Where、What）的方式进行归类，这种方式是用于构建用户画像最基础的数据获取方式。

例　表 1-1 所示为某美食短视频账号的 4W 用户数据。

表 1-1　4W 用户数据

要　素	含　义	具体场景
Who	谁在观看	24～30 岁、31～40 岁中年女性群体居多
When	在什么时间观看	活跃时间 15:00—17:00、20:00—23:00
Where	用户分布区域是怎样的	广东、广西、浙江居多
What	观看的内容有哪些	美食教学、乡村美食、美食吃播

2. 形成用户画像

形成用户画像的用户角色需要有代表性，能代表内容或产品的主要受众和目标群体。在呈现方式上，要能一目了然地感知到目标群体的大致特征。用户画像的表达有很多种方式，有数据标签、文字云，也有纯文字形式，如图 1-6 所示。

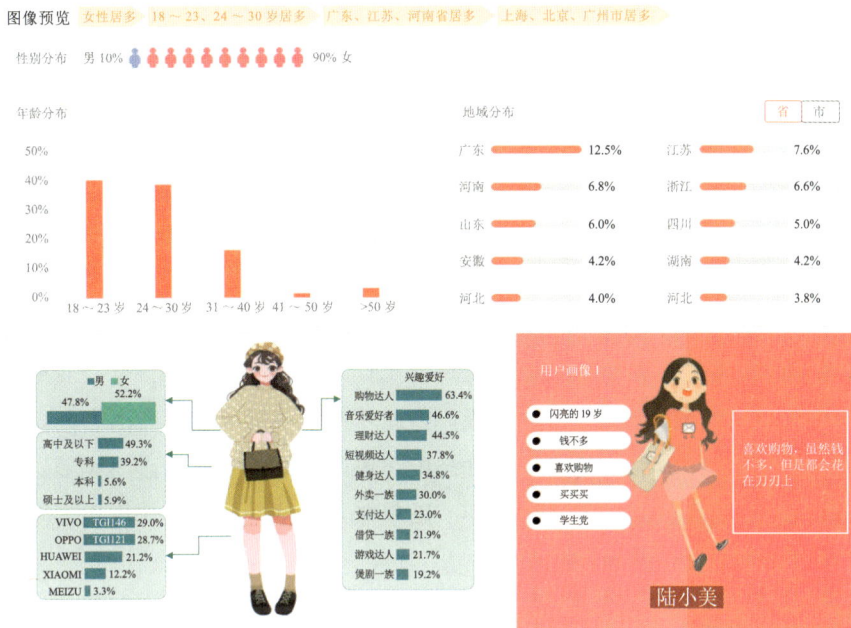

图 1-6　不同形式的用户画像示例

用户画像不是一成不变的，而是随着对目标用户了解的逐渐深入，数据逐渐丰富，不断地被修正、完善，从片面、不完整到更加符合目标群体的真实特征。

任务 2　内容风格定位

创作短视频的前提，就是要明确自己要拍什么，这个环节被称为短视频内容风格定位。而要形成鲜明的内容风格，首要任务是明确两个方面：一是明确内容领域，找到内容的产出方向；二是塑造内容的调性，打造有辨识度的记忆点。

本任务主要从以下两个方面展开讲解：

➤ 明确内容领域

➤ 塑造内容调性

一、明确内容领域

内容领域即视频内容涉及的话题边界，可以按照行业和内容的垂直性，不断向下细分。以手工举例，如图 1-7 所示。

图 1-7　内容领域细分示例

很多新手创作者对于内容领域都只有模糊的认知，比如要拍美食、健身、剧情等，这种认知程度比较宽泛、不明确，是无法指导工作开展的。因此要根据自身的喜好、特长等条件，将内容领域细分到二级或三级，如此才算是明确了内容产出方向。

需要注意的是，内容领域的边界是动态的，可以根据账号体量进行调节。刚起步的账号越垂直越好，越垂直意味着竞争越小；随着账号体量的扩大，边界也要随之向上扩展，越扩展意味着可选择的话题范围越广。

专家指导

"巨量算数"网站的算数指数功能有助于挖掘细分领域，也可以用于视频内容话题参考，具有很强的实用性，如图 1-8 所示。

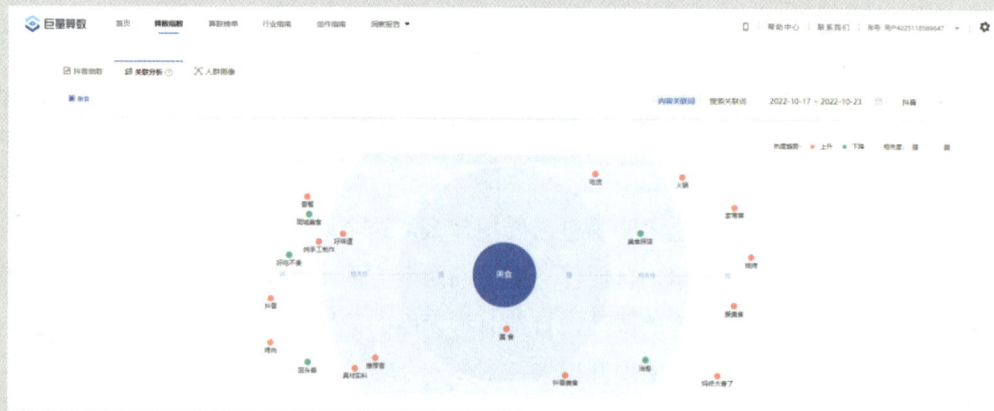

图 1-8　巨量算数

二、塑造内容调性

明确内容领域之后，还需要给内容打上某种风格化的标签，让用户一看到或接触到类似的事物与信息就能联想到你的内容——这就是内容调性。

内容调性有助于提高视频专业度，以及用户对视频内容的信任度，同时也是塑造内容风格的关键。塑造内容调性的方法分"外"和"内"：外是指内容的表现形式，内是指人设和记忆点。两者确立就形成了内容的调性。

1. 选择内容形式

主流的内容形式基本可以归为如图 1-9 所示几种。

图 1-9　主流内容形式

创作者可根据自身特点和定位内容领域的性质，选择一种能掌控的内容形式，并且在内容呈现细节上，进行差异化设计。

2. 建立人设和记忆点

人设源于影视角色的人物设定，后来延伸至短视频行业，至今俨然成了普遍存在的概念。那么如何理解人设呢？简单来说，它就是一种身份标签的组合，包括性格、职业、行事风格、价值观等。

> **例**　办公室小野——在办公室做饭，脑洞大，总是有千奇百怪的想法。
> 李子柒——田园美食，文化输出代表，无所不能的国风美女。

人设需要根据视频内容的营销方向，以及视频出镜人员的外形和性格特征，将符合该内容方向的人物设定归纳出来，形成一个具有标识性的形象。

> **例**　视频内容方向是做乡村美食，出镜人员是中年人，那么人设可以粗略设定为如表 1-2 所示。

表1-2　人设示例

基本信息设定	老农人，常年在家务农，喜欢做菜
人物性格设定	憨厚、朴实，说话有些冷幽默属性，非常念旧……

要让用户记住你，光靠人设还不够，还需要有一个极具辨识度的记忆点。记忆点是指能让用户印象深刻的内容，可以是一件物品、一个动作或一句话。

例　提到"OMG! 买它！"就想起李佳琦，这就是记忆点；slogan（宣传口号）也是记忆点的一种，如某旅游短视频号的 slogan 是"踏上旅途，遇见美好"，直接表明某旅游主题。

任务 3　制作流程明确

在完成了目标用户及内容风格定位后，后续就要根据定位结果进行视频内容的制作。新人创作者有必要对视频的制作流程进行学习。

本任务主要从以下两个方面展开讲解：

➤ 视频产出流程
➤ 企业工作流程

一、视频产出流程

对于个人创作者来说，视频制作的每个环节都要亲力亲为，要负责全流程的制作。视频产出全流程如图1-10所示。

第一步：定位
① 定位目标客户
② 定位内容领域
③ 定位内容调性

第二步：拍摄
① 选题　② 写脚本
③ 拍摄准备
④ 现场拍摄

第三步：剪辑
① 粗剪　②精剪
③ 动效包装　④调色
⑤ 导出

图1-10　视频产出流程

（1）定位。在定位环节，主要是明确目标用户和内容的创作方向与风格，是整个视频创作过程的基础和引领。

（2）拍摄。在拍摄环节，主要是完成拍摄的前期准备，包括选题、写脚本，然后根据脚本引导完成视频拍摄，为后期剪辑提供素材。

（3）剪辑。在剪辑环节，主要对视频素材进行修剪、包装和调色，完成一条片子的所有后期处理。

二、企业工作流程

相对于个人创作者来说，企业在分工上更加细致，在不同的环节上都有专职负责人，因此在工作流程上有些许变化，如图 1-11 所示。

01 需求　　　　03 提案　　　　05 剪辑

02 脚本　　　　04 拍摄　　　　06 交片

图 1-11　企业工作流程

在企业，按照职能，工作岗位分为运营、编导、摄像、剪辑。

（1）编导主要负责视频内容的策划，把握时下热点，撰写脚本，以及统筹内容产出全程的工作安排和人员调度。

（2）摄像负责配合编导进行视频的拍摄。

（3）剪辑负责按照编导的要求进行视频剪辑。

课程实践

本项目的实践环节共有 1 个任务，请同学们参照配套实训书，完成任务。

任务序号	实训名称	主要工作内容
1	短视频定位练习	完成短视频目标用户、内容领域、内容调性等方面的定位训练

课后思考

回顾本项目内容，回答以下问题：

1.请列举两个查找竞品数据的渠道与具体方法。

2. 请简述用户画像构建的流程。

3. 任意选择一个行业，列举该行业的内容细分领域。

延伸拓展

扫码阅读以下学习资源，拓展自己的知识和视野。

文章 1：用户画像认知

文章 2：如何用蝉妈妈获取竞品数据

导图 1：短视频运营知识地图

文章 1   文章 2   导图 1

思政园地

党的百年历史视频"火"了！

思政元素：爱国主义、社会主义核心价值观。

武汉市"庆祝中国共产党成立 100 周年"主题灯光秀短视频在社交平台上引起民众的关注。"今天我发现朋友圈几乎都是这条视频！打开一看，一下也被吸引了。随后我还逐条看了视频下方的留言，大家都发自内心地为祖国骄傲，为湖北祝福，为武汉祝福。"

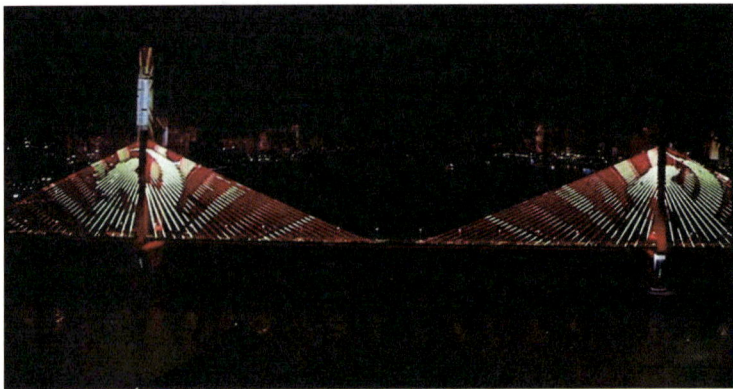

武汉市"庆祝中国共产党成立 100 周年"主题灯光秀

其实，对于走红的"红色主题短视频"，人们或许更多的是被下方的留言区吸引，市民们都写下了自己想说的话，如："只有祖国的强大，才有城市的繁华。""拉着你的手，永远跟你走是亿万中国人的心里话。"这是对国家说的话，既是对党说的话，也是对自己说的话。武汉的这个"庆祝中国共产党成立100周年"主题灯光秀短视频发布时间较短，但就是能够在朋友圈里"火"起来，有转发的，有留言的，美好的祝福、幸福的期待，成为留言的主题。

值得注意的是，我们的党，根基在人民，血脉在人民。党的百年历史，就是依靠初心使命的践行，让党与人民心连心、同呼吸、共命运的历史。正因这个"百年初心"，才有了"百年辉煌"，而"百年辉煌"又让全体中国人民有了如今的幸福生活。眼下人民生活富裕了，事业进步了，幸福指数提高了。可见，生活在这个时代的人们，"感党恩"绝对是发自肺腑的真实感受；有了如此的真实感受，才有了"庆祝中国共产党成立100周年"视频的走红。

（资料来源：党的百年历史，视频"火了"！［EB/OL］.（2021-06-28）[2024-11-29].https://baijiahao.baidu.com/s?id=1703781188427112390&wfr=spider&for=pc）

思考与讨论

1. "党的百年历史，就是依靠初心使命的践行，让党与人民心连心、同呼吸、共命运的历史"。作为青年，我们应该如何践行党的理念，并为之付出行动呢？

2. 在现代社会，一条简短的视频就可能唤起群众对党和国家的热爱与期待。那么，对于推广社会主义核心价值观、追求全面发展的目标，我们应该如何在繁忙的生活中，通过有效途径进行更为有效的传播、引导呢？

02

项目二　短视频拍摄准备

> **项目内容**

　　本项目主要对视频拍摄工具准备以及拍摄参数设置等进行讲解，以明确在进行视频拍摄前如何选择适合的拍摄工具以及如何准备拍摄场景，从而为之后的拍摄工作做好充分的准备工作，确保整个拍摄过程的顺利进行。

💡 建议课时：4 课时

学习目标

知识目标	技能目标	思政素养目标
• 能概述拍摄前需要准备的拍摄器材和灯光器材； • 能解释设置的拍摄参数。	• 能根据引导独立完成短视频拍摄准备。	• 养成实事求是的工作态度； • 培养沟通交流的能力； • 培养互帮互助、协作交流的团队精神。

课程导图

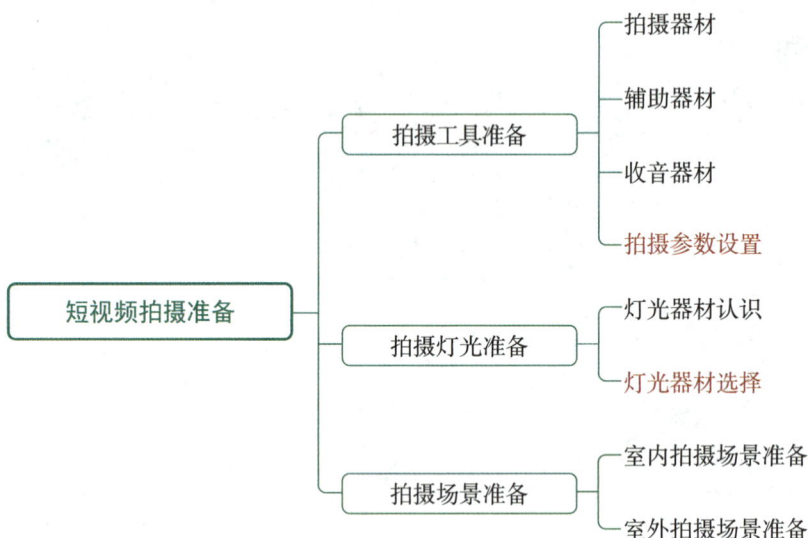

案例导入

　　小万一直想拍摄一部宣传家乡文化的短片，在学习了短视频拍摄策划的相关知识之后，他确定了此次拍摄的主题和大纲，完成了脚本的撰写。现在他开始进入拍摄准备这个环节。

　　小万上网查看相关的资料和一些短视频"高手"的经验分享，梳理出拍前的准备工作主要是两点：一是拍摄工具的准备，二是拍摄参数的设置。考虑到自己是初次尝试短视频拍摄，并且拍摄的场景大多是户外自然景色的实际情况，于是他选择手机作为自己的拍摄器材，将分辨率和帧率设置为 4K/60 fps，还搭配了手机云台来保持稳定。他还随身携带了一个便携的补光灯，在室外光线不足的时候可以进行补光。

做好了上述的准备后，他终于可以开始进入下一个拍摄的环节，离完成自己的第一部家乡文化宣传视频又近了一步。

【思考】

认真思考以下问题，并带着疑问进入课堂寻找答案吧。

1. 短视频拍摄前需要做哪些准备？

2. 短视频拍摄时常见的拍摄参数有哪些？

任务 1　拍摄工具准备

在进行拍摄准备时，我们需要根据拍摄的主题和内容，选择合适的拍摄工具，只有选对了拍摄器材，在拍摄的过程中才能更加得心应手。

本任务主要从以下四个方面展开讲解：

➤ 拍摄器材

➤ 辅助器材

➤ 收音器材

➤ 拍摄参数设置

一、拍摄器材

手机和单反相机是短视频拍摄最常用的两种拍摄设备，但拍摄短视频所使用的手机和单反相机是需要具备一定条件的，并不是任意一部手机或单反相机都可以用于短视频拍摄。

手机的选择可以参考以下标准：

（1）像素：选择手机拍摄短视频时，不仅会用到后置摄像头，经常也会使用到前置摄像头，所以建议选择前后摄像头像素都高的手机。

（2）机身内存：建议尽量选择 128 GB 以上内存的手机，避免因为存储视频数据较多，占满手机空间，导致手机的某些功能无法使用。

（3）运行内存：选择运行内存较大的手机，建议选择 6 GB 以上运行内存的手机。此外，针对用户的特定拍摄需求，部分手机相机的功能、镜头也进行了升级，如额外增加一些美颜、编辑、加水印等特殊功能，镜头也会推出高倍镜、自动曝光、防抖等功能。也可以结合这些实用的功能来选择手机。

在单反相机的选择上，为了拍出更专业的视频，通常要考虑以下几个方面：

（1）半 / 全画幅：全画幅指底片尺寸更大，性能更好，建议选择全画幅。

（2）对焦点数：对焦点数越高越好，建议选择 45 点以上的。

（3）Wi-Fi：支持 / 不支持，建议选择支持 Wi-Fi，更有利于数据传输。

（4）像素数量：像素越高越好，建议 1 800 万以上。

（5）视频尺寸：为保证视频的清晰度，建议选择 1 080P 以上的。

（6）续航能力：考虑到拍摄的时长，尽量选择续航能力强的。

单反相机具有卓越的手控调节能力，可以根据个人需求来调整光圈、曝光度及快门速度等，能够比普通相机取得更加独特的拍摄效果。

专家指导

拍摄设备的选择因人而异，用户首先需要对自己的拍摄需求做一个定位，根据预算选择合适的拍摄器材。只要用户掌握了正确的技巧和拍摄思路，即使是便宜的摄影设备，也可以创作出优秀的短视频作品。

二、辅助器材

除了拍摄器材以外，为了更方便，也为了拍出更高质量的短视频，还需要使用到辅助器材来帮助拍摄，常见的短视频拍摄的辅助器材如表 2-1 所示。

表 2-1　拍摄辅助器材

设　备	使用场景	图　片
稳定器	拍摄运动场景	
三脚架	拍摄稳定场景	

续表

设　备	使用场景	图　片
无人机	拍摄鸟瞰场景	
提词器	拍摄有台词的场景	
摇臂	拍摄大场景	

在短视频拍摄过程中，可能需要拍摄一些运动场景或者航拍大景，如图 2-1 所示。而要拍摄这两种画面就需要用到稳定器与无人机。下面主要介绍这两种器材的使用方法。

新华社记者周牧　摄

图 2-1　手持稳定器（左）与无人机（右）拍摄画面

1. 稳定器

随着科技的发展，手机功能越来越强大，在摄像功能等方面都得到了质的提升。但是，用手机拍摄视频时，需要用手握住手机进行拍摄，容易出现抖动、晃动的情况。这时，使用手持式稳定器就可以在拍摄视频时起到很好的稳定作用，可以让用户拍摄出具有专业性的视频画面效果。市面上较为热门的手持式稳定器品牌有智云、飞宇、大疆、百诺等。稳定器的使用方法大同小异，下面以智云 Smooth 4 为例介绍其使用方法。

（1）稳定器调平

在夹上手机并启动稳定器前，首先需要调节手机平衡。

① 水平方向调平：拧松横臂上的螺钉，伸长或缩短横臂的长度，以保持稳定器未启动前手机屏幕在水平面上的相对平衡，并拧紧螺钉。

② 竖直方向调平：上下推动手机背部夹具的位置，以保持稳定器未启动前手机屏幕在竖直面上的相对平衡。

（2）拍摄模式详解

调平后，长按电源键启动稳定器，即可进入拍摄模式。稳定器拍摄模式主要如表 2-2 所示的四种。

表 2-2　运用稳定器拍摄的四种模式

模　式	介　绍	使用场景	图　解
PF（航向跟随）模式	手机跟随稳定器手柄的水平转动而发生航向轴的同步转动，稳定器手柄的竖直转动则不改变俯仰轴角度	适用于在平稳地理环境情况下做跟随拍摄	正面按键
L（全锁定）模式	无论稳定器手柄水平转动或竖直转动，手机均不改变航向轴和俯仰轴角度	适用于拍摄固定机位或主体在高度／水平下不发生改变的中心构图	正面按键
全跟随模式	当稳定器手柄发生水平转动或竖直转动时，手机均跟随同步改变航向轴和俯仰轴角度	适用于相对自由、没有过多角度限制的跟随拍摄	背面按键
"疯狗"模式	运动轨迹与全跟随模式相仿，让稳定器极速响应手部转动的每一个动作	适用于酷炫转场	背面按键

（3）稳定器操控面板

智云 Smooth 4 采用全按键设计，有效减少触屏次数，其可调节的按键如图 2-2 所示。

图 2-2　智云稳定器调节按键

① 菜单：菜单栏界面具有拍摄、闪光灯、拍照定时、HDR、白平衡、分辨率、手动模式、情景模式、滤镜、设置等多项功能，如图 2-3 所示。其中，在拍摄中，可调节 180° 全景、3×3 全景、多重曝光、光轨、慢动作、延时摄影、移动延时摄影和希区柯克等功能。

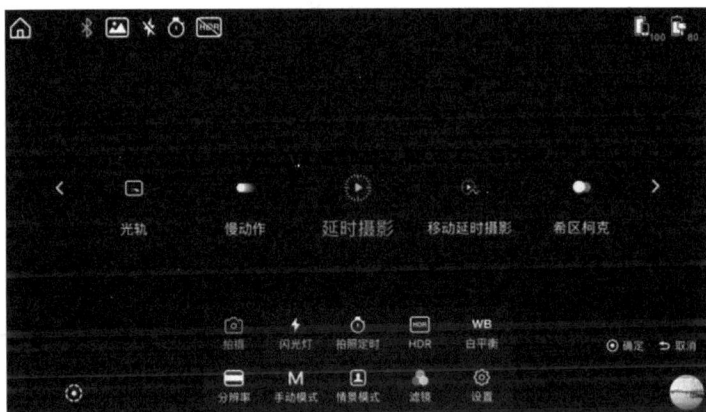

图 2-3　智云稳定器菜单

② DISP 键（详细参数）：可显示 / 关闭当前画面 4 项参数值，依次为曝光补偿、快门、ISO 和色温。

③ 变焦 / 跟焦键：默认为对焦模式，通过转动跟焦轮可以进行焦点虚实的变化操作；点击变焦 / 对焦模式切换键，蓝色背光亮起，切换至变焦模式，通过转动跟焦轮可以进行焦距远近变化的操作。

④ 拍摄选项：在普通拍照功能下，点击拍摄键为触发单次快门拍照。在其他拍摄功能下，点击拍摄键则触发对应选择功能的拍摄。

⑤ 补光灯拨盘：上键为分辨率设置，下键为相册库，左键为手机前 / 后置镜头切换，右键为曝光补偿设置，中间为开启常亮手机的闪光点。

专家指导

　　稳定器在连接手机之后，无须在手机上操作，就能实现自动变焦和视频滤镜切换。对于手机视频拍摄者来说，稳定器是一个很棒的选择。但由于稳定器的价格相对于其他手机视频拍摄支架来说较高，从几百元到几千元不等，所以如果对价格有顾虑的用户，就需要慎重考虑。

2. 无人机

　　无人机是一种可以远程操控的飞行器，它可以进行航拍、监测、运输等。随着无人机技术的迅速发展以及摄影、摄像各方面的需要增加，无人机航拍已经成为拍摄某些特殊场景时必不可少的工具。常见的无人机品牌有大疆（图 2-4）、派诺特、零度智控等。

图 2-4　大疆无人机

　　（1）无人机拍摄优势

　　① 小型轻便，清晰度高：无人机通常自带高清广角 Wi-Fi 摄像头，支持航拍录像或者拍照功能，可以帮助用户留下更多精彩瞬间。

　　② 大比例尺寸，画面丰富，视角广。

　　③ 智能化操作：用户可以下载专用 APP，通过 Wi-Fi 连接 APP，即可用手机操控，实现无人机的多种功能。

　　④ 低噪声，节能，高效率。

　　（2）无人机使用注意事项

　　① 飞行前查询好相关法律法规，避免在禁飞区飞行。

　　② 考察场地是否有障碍物，来往行人是否过多。

　　③ 避免没有想法就直接拍。在使用无人机拍摄视频之前，最好先确定要拍摄的内容、构图的大致方法，确保万无一失。

　　④ 拍摄时注意多角度拍摄，获得较好的拍摄效果。

（3）无人机操作方法

不同品牌系列的无人机的操作方法均有所不同，需要仔细阅读说明书后再上手操作。下面以大疆 Mavic 3 配备的新款遥控器 RC-N1 和大疆 Mavic 3 Cine 配备的带屏遥控器 RC Pro 为例，介绍无人机的基本操作方法。

① 准备工作：首先安装摇杆至遥控器，取出转接线连接遥控器与移动设备，如图 2-5 所示；然后打开卡扣移除收纳保护罩，展开前机臂与后机臂，把无人机放置在平整开阔的地面上，用户面朝机尾，如图 2-6 所示。

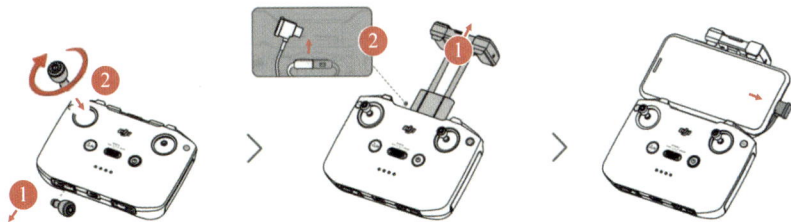

图 2-5　遥控器准备

图 2-6　展开准备完成

② 开机 / 关机：短按一次电池 / 遥控器上的电源键，指示灯亮起后，长按电源键 2 秒，待所有电量指示灯点亮后松手，无人机和遥控器的电源即可顺利打开，如图 2-7 所示。

图 2-7　无人机电源启动

③ 机身检查：无人机会在电源开启后完成基本的硬件自检工作，但用户仍需对以下内容进行手动检查：无人机剩余电量 / 电压 / 电池寿命，遥控器信号、图传信号，指南针状态；SD 卡剩余容量。

④ 起飞：将两个摇杆以内"八"字的方式往遥控器的中线下方拨动便能启动电机，如图 2-8 所示。启动电机后，电机会带动螺旋桨怠速旋转，电机起转后，马上松开摇杆，再缓慢将左侧摇杆往上推，无人机即可成功起飞。

图 2-8　启动电机

无人机遥控器默认左边的摇杆负责控制无人机的上升、下降、往左旋转、往右旋转。右边摇杆负责无人机在水平方向的前、后、左、右移动，如图 2-9 所示。

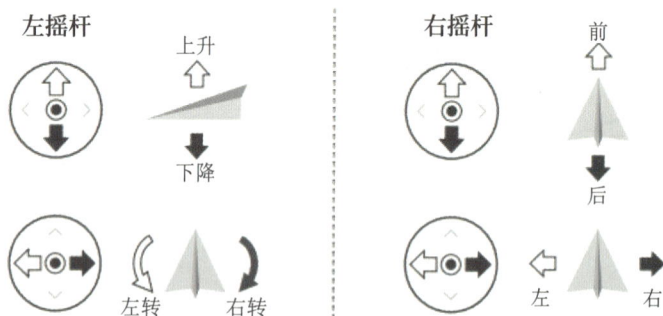

图 2-9　无人机摇杆操作

起飞时，只需要缓慢将左侧摇杆往上推，当无人机离地时稍微加大功率，让无人机尽快上升至 2 米以上，就可以自由飞行。

⑤ 拍摄：遥控器内置拍照和录像按钮，点击即可开始录像或拍照。摄录完成后，在手机客户端中点击回放按钮即可查看已拍摄的视频和照片，如图 2-10 所示。

图 2-10　无人机拍摄界面

⑥ 降落：当飞行结束后，要降低无人机的高度时，可以将左摇杆缓慢向下推，无人机即可缓慢降落，无人机着地之后，执行掰杆动作，电机则立即停止。如图 2-11 所示。

图 2-11　无人机降落操作

专家指导

环绕飞行简称"刷锅"，指无人机以某个特定拍摄目标为圆心，进行匀速的环绕飞行。飞行期间拍摄目标一直处于画面中央，只需将遥控器两个摇杆按特定的速率往相反的方向拨动，即可操纵无人机进行环绕飞行。

三、收音器材

制作普通的短视频时，创作者可以直接使用拍摄器械自带的麦克风录音，但采访类、教程类、主持类、情感类或者剧情类的短视频对声音的要求比较高，就需要使用专业的录音器材。

根据使用场景的不同，短视频常用的录音器材有以下几种，如表 2-3 所示。

表 2-3　常用录音器材

使用场景	设　备	图　片
室内收音	耳机 / 小蜜蜂	耳机　　小蜜蜂
户外收音	收音麦克风	领夹麦克风　　无线麦克风

四、拍摄参数设置

准备好拍摄使用的工具，我们就需要对拍摄工具的参数进行设置。合理的参数设置，能帮助我们拍摄出符合要求的、高质量的短视频。

1. 帧率设置

人们经常看的电影和视频都是由一系列静止的画面构成的，这些静止的画面就称为帧。拍摄视频要注意帧率。视频帧率是指视频每秒钟播放图片的数目，单位是 fps。

例 如图 2-12 所示，6 帧，就是每秒播放 6 格画面，而 9 帧就是每秒播放 9 格画面。

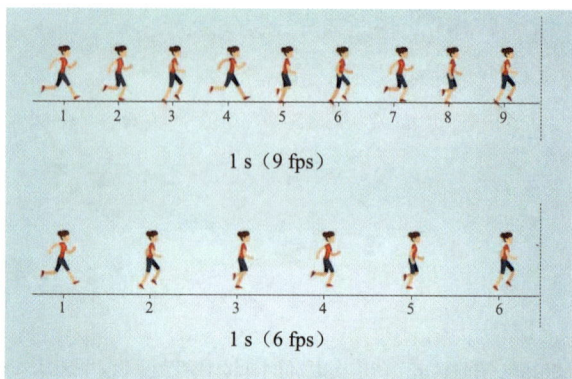

图 2-12　帧率

帧率越小，视频画面就会出现模糊和卡顿的现象；帧率越大，视频画面就越流畅，速度也就越快。不同的拍摄场景需要设置不同的视频帧率，详情如表 2-4 所示。

表 2-4　设置拍摄帧率

帧　数	满足场景
25 帧	普通场景，能满足日常拍摄
30～40 帧	高速运动的场景，如车流、瀑布、飞鸟
60 帧	慢动作场景，如流水、花开

2. 分辨率设置

什么是分辨率？简单来说，就是画面是由多少个像素点组成的。比如拍摄设备分辨率是 1 200 万，那么拍出来的画面就由 1 200 万个像素组成。如果拍摄设备分辨率是 6 400 万，那么拍出来的画面就由 6 400 万个像素组成。像素越高，画面就会越清晰，越细腻，这就是分辨率对画质的影响。

例 如图 2-13 所示，分别在 720P、1080P、2K 和 4K 分辨率下观察同一个画面，可以发现分辨率越高，画面中的细节越丰富、清晰。

图 2-13　不同分辨率的画质

在拍摄短视频时，根据画面比例，最佳的分辨率设置如表 2-5 所示。

表 2-5　设置分辨率

画面比例	最佳分辨率	格　式
9：16（竖屏）	720×1 280	H.264/MP4
16：9（横屏）	1 920×1 280	

专家指导

　　用户在使用 4K 超高清分辨率录制视频时，首先要看手机的内存是否足够，因为超高清尺寸拍摄出来的视频很占手机内存。一般情况下使用 1 920×1 080 即可满足普通用户的基本需求。

任务 2　拍摄灯光准备

　　在室内或者室外拍摄短视频时，都需要保证光感清晰、环境敞亮、背景干净、可视物品整洁，而光线是获得清晰视频画面的有力保障。拍摄灯光的准备，也需要结合拍摄的内容和场景综合选择。

　　本任务主要从以下两个方面展开讲解：

➤ 灯光器材认识

➤ 灯光器材选择

一、灯光器材认识

短视频拍摄中可选择的灯光器材很多，它们的作用也各不相同。了解常见的灯光器材的作用，可以帮助我们根据需求选择合适的灯光器材。

常见的短视频拍摄使用的灯光器材及其作用如表 2-6 所示。

表 2-6　常用灯光器材

灯光器材	作　用	图　片
补光灯	光线缺乏情况下拍摄时提供辅助光线，以得到合理的画面素材	
柔光箱	柔化生硬的光线，使光质变得更加柔和	
反光板	反光板是拍摄时所用的照明辅助工具。在景外起辅助照明作用（用锡箔纸、白布、米菠萝等材料制成）	
遮光罩	安装在摄影镜头、数码相机以及摄像机前端，遮挡有害光	
背景布	背景布是用来衬托被拍物体的，放在被拍物体后面。背景布通常有减少高反光物品的杂乱反光的作用（室内摄影必备品，有单色的背景布，也有题材类的背景布）	

二、灯光器材选择

不同的拍摄场景对补光的需求不同，需要结合拍摄场景的补光需求，选择合适的补光器材。

不同拍摄场景常使用的灯光设备如表 2-7 所示。

表 2-7　补光器材选择

使用场景	灯光设备
室内固定场景（如美食、测评、才艺表演等）	环形补光灯、背景布
室内不固定场景（如情景演绎、变装等）	柔光箱、补光灯
拍摄户外场景（如 Vlog、探店、探险、街头采访等）	便携式补光灯、反光板

专家指导

在灯光器材的准备上，只使用一种灯光器械往往很难达到理想的补光效果；若选择多种灯光器材，搭配使用，可达到最佳的补光效果。

任务 3　拍摄场景准备

当确定要拍摄短视频时，选择合适的场景很重要。首先需要确定拍摄场地是在室内还是户外，因为不同的环境需要做不同的准备工作。

本任务主要从以下两个方面展开讲解：

➤ 室内拍摄场景准备
➤ 室外拍摄场景准备

一、室内拍摄场景准备

如果拍摄场地选择在室内，就需要根据短视频脚本和拍摄风格来搭建摄影棚，并准备能够营造所需环境的背景布和道具。拍摄场景的布置应根据短视频主题和风格进行设计，以达到最佳效果。

通常根据特定风格和相关元素来确定布置方法。特定风格是指短视频拍摄的主题风格，如科技风、复古风、时尚风等。相关元素是指用来装饰室内场景的道具。

例 如果拍摄的是美食视频，可以选择厨房，搭配一些餐具和食材，营造出美食的氛围。如果是拍摄时装视频，可以选择具有时尚感的室内空间，搭配上简洁的家具、衣帽架等道具，营造出时尚的氛围（如图 2-14 所示）。这样就能够凸显出拍摄内容的特定氛围，从而实现视觉上的感官冲击，使得观众在观看时能够沉浸其中。

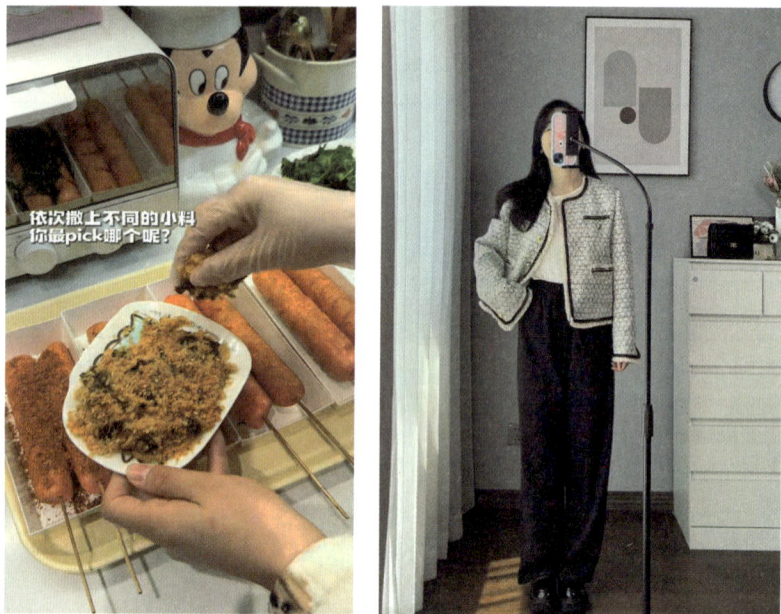

图 2-14　室内背景示例

二、室外拍摄场景准备

如果拍摄场地在室外，则寻找与故事脚本相契合的场地进行拍摄即可，不需要太过复杂的布置。

例 如果要在室外拍摄穿搭视频，可以选择城市街道、公园广场等，搭配一些适合街拍的服装和配饰，例如帽子、太阳镜、手提包等，以营造出时尚的氛围，如图 2-15 所示。

图 2-15　室外背景示例

但室外场景受到外部因素影响的风险也会大大增加，如天气、光线、场外人物、拍摄时的噪声等，这些都需要提前考虑。

总之，充分的拍摄场景准备工作，可以让我们更好地完成短视频制作任务。同时，根据不同主题和环境场景的要求，选取适当的拍摄场景对短视频制作质量和观众体验均有重要意义。

课程实践

本项目的实践环节共有 1 个任务，请同学们参照配套实训书，完成任务。

任务序号	实训名称	主要工作内容
1	短视频拍摄准备练习	完成拍摄工具、灯光器材的选配，并拟定一组设备清单

课后思考

回顾本项目内容，回答以下问题：

1. 拍摄的辅助器材有哪些？它们各自可以在什么拍摄场景使用？

2. 简述常使用的灯光器材有哪些。可以在什么拍摄场景使用？

3. 能满足日常拍摄的需求的帧率是多少？

延伸拓展

扫码阅读以下学习资源，拓展自己的知识和视野。

文章 1：单反拍视频的参数设置入门技巧

文章 2：手机拍摄视频的参数设置

文章 1　　　　　文章 2

思政园地

大疆：用科技重新定义"中国制造"

思政元素：民族自豪感、中国制造。

大疆（DJI）是一家专业从事无人机、云台、相机等产品的研发和生产公司。经过多年的耕耘和沉淀，大疆已经在全球拥有百万用户，客户遍及 100 多个国家和地区。大疆的产品线主要包括无人机和手持影像系统。

2013 年，大疆推出了第一代"精灵"无人机。这款四旋翼无人机与以往的专业航拍飞行器不同，无需组装，可以"开箱即飞"，通过遥控器和智能手机灵活控制，大大降低了航拍的技术门槛和成本。

大疆的创新主要依靠自有产品的技术研发，为产品带来差异化的卖点。其中，视觉识别技术是大疆的一个核心技术，可以对画面进行识别，根据锁定目标自动跟随拍摄，并完成自身避障安全飞行。此外，大疆还基于无人机内部的计算系统与程序，节省了专业软件的后期使用成本，提供全景拍摄、分镜转移、画面锁定等一系列专业功能。

值得一提的是，大疆是少有的在海外市场从一开始就走高端品牌定位路线的中国企业，这使得许多海外用户没有想到 DJI 是一个中国品牌。从 2013 年进入美国市场开始，大疆的市场份额逐年提高，在短短两年内占领美国市场 50% 份额，2018 年达到 80%。目前，大疆已经占据全球消费级无人机市场超 70% 的份额。所有产品的核心技术都是自主独立研发的，生产的每一个零部件都是在中国生产的，因此用户不必担心技术封锁等问题。

（资料来源：「非凡十年看品牌」品牌典范．（2022-11-03）[2024-11-29].https://baijiahao.baidu.com/s?id=1748
469656995444751&wfr=spider&for=pc）

思考与讨论

1. 大疆成为高端品牌并占据大量市场份额的关键在于哪些能力？

2. 对于短视频创作者来说，科技创新会带来哪些好处？

03

项目三　短视频拍摄技巧

项目内容

本项目主要针对拍摄景别、运镜使用、拍摄布光技巧以及常用的构图方式等内容展开讲解，并通过实例任务操作帮助学生提升技能熟练度。掌握本项目知识与技能，将技巧运用在拍摄过程中，基本能满足运镜、布光以及构图的操作要求。

建议课时：8课时

学习目标

知识目标	技能目标	思政素养目标
• 能概述各景别的运用方法； • 能详细说出各运镜方式的概念和作用； • 能描述各种布光技巧的适用情境； • 能列举几种构图方式。	• 能根据引导完成短视频拍摄各技巧的练习。	• 保持独立探究的习惯，追求职业前沿知识； • 培养正确的审美价值取向。

课程导图

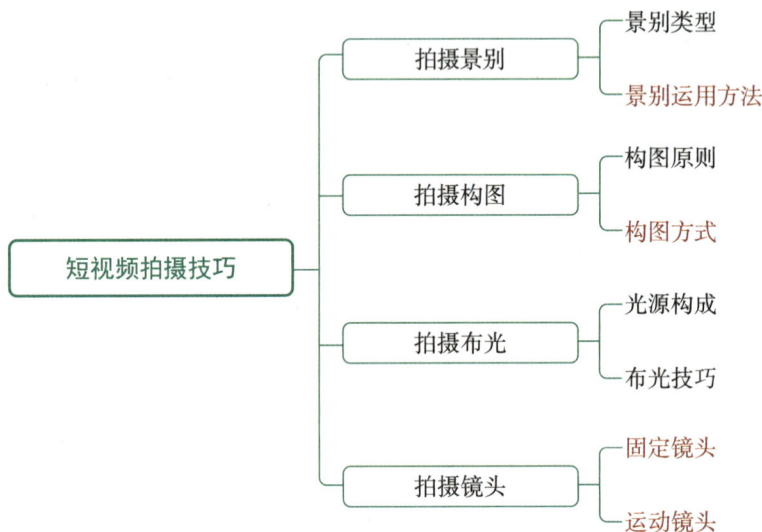

短视频拍摄技巧
- 拍摄景别
  - 景别类型
  - 景别运用方法
- 拍摄构图
  - 构图原则
  - 构图方式
- 拍摄布光
  - 光源构成
  - 布光技巧
- 拍摄镜头
  - 固定镜头
  - 运动镜头

案例导入

　　小万对拍摄器材工具进行了解之后，选择了最适合自己的拍摄设备，并迫不及待地投入视频拍摄中。小万按照自己撰写的脚本拍摄了许多素材片段，但他在查看时总觉得观感不佳，而且在室内取景的片段有画面过暗且发灰的情况。

　　小万在各个短视频平台上参考了各类优秀作品，并且查阅了相关的资料，发现自己拍摄时大多是固定机位，脚本中的运镜也没有根据各运镜方式的特点和作用来安排。同时小万发现自己没有注意构图设计，有的镜头元素过多，有的镜头留白过多，这样会给后期剪辑造成困难。拍摄时准备的补光设备也不足，对于布光没有进行合理的设计，导致画面看起来过暗又死板。

小万在进行全面了解之后，改正了之前的拍摄错误。他在拍摄时做好构图，并结合画面所要表达的内容设计了不同的运镜，运用了多种布光技巧。经过改进之后，小万终于拍摄出了可用的素材。

【思考】

认真思考以下问题，并带着疑问进入课堂寻找答案吧。

1. 什么是景别？短视频拍摄中常用的运镜有哪些？

2. 短视频拍摄时常用的光型有哪些？

3. 短视频拍摄的构图原则有哪些？

任务 1　拍摄景别

在视频拍摄中，由于焦距一定时摄影机与被摄体之间的距离不同，被摄体在摄影机录像器中所呈现出的范围大小就会有区别，这称为景别。不同景别的呈现给人的生理和心理的感受是不同的，摄影机与被摄体之间的距离越近观众越容易有代入感。

本任务主要从以下两个方面展开讲解：

➤ 景别类型

➤ 景别运用方法

一、景别类型

在视频拍摄过程中，画面的景别取决于两个因素：一是与被摄体之间的距离，二是镜头焦距的长短。景别一般可分为远景、全景、中景、近景、特写，各景别定义如下：

（1）远景：指的是摄影机摄取远距离被摄体的一种画面，人物大小通常不超过画幅高度的一半。

（2）全景：指的是摄影机摄取场景全貌或人物全身动作的画面，又称为交代镜头。

（3）中景：指的是摄影机摄取人物膝盖以上部分的画面，视距比近景稍远，可在同一画面中拍摄几个人物的活动。

（4）近景：指的是表现人物胸部以上或者景物局部面貌的画面。近景画面中淡化环境，突出主体，人物一般占据一半以上的画幅。

（5）特写：是指画面下边框在人物肩部以上或其他被摄体局部的画面。特写画面视距最近，能很好地表现被摄体的质感、色彩等细节。

景别越大，环境因素越多；景别越小，则越强调主体。每个景别都有不同的特性，各景别呈现示意如图 3-1 所示。

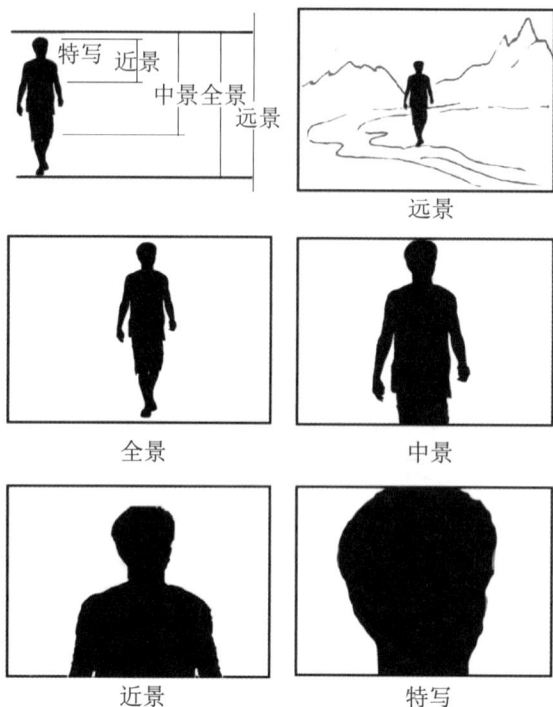

图 3-1　景别类型

二、景别运用方法

在视频拍摄中，创作者选择怎样的画面首先从对景的感受开始，通过景别的合理控制，能够强调和弱化视频中某些信息，从而创作出一个详略得当的故事。下面介绍各个景别在视频中是怎样运用的。

1. 远景运用

远景画面强调人物存在于环境中的合理性以及环境与人物之间的相关性，因此需要确保该景别中画面构图合理。远景画面的作用在于渲染气氛，抒发情感，一般用来表现开阔的场景以及规模浩大的活动，如自然风光、群众场面等。远景也可以运用于人物拍摄，但要注意与周围景物的搭配。如图 3-2 所示。

来源：虎课网短视频制作课程

图 3-2　远景示例

2. 全景运用

全景在视频中主要用于表现人物之间或人与环境之间的关系，且更能展示出人物的动作表情，也能从某种程度上表现人物的内心活动。全景范围的大小根据主体的大小来确定，对全景画面进行构图需要注意主体的固有特征、与周围环境的呼应关系，才更容易得到丰富的内容和完整的结构。如图 3-3 所示。

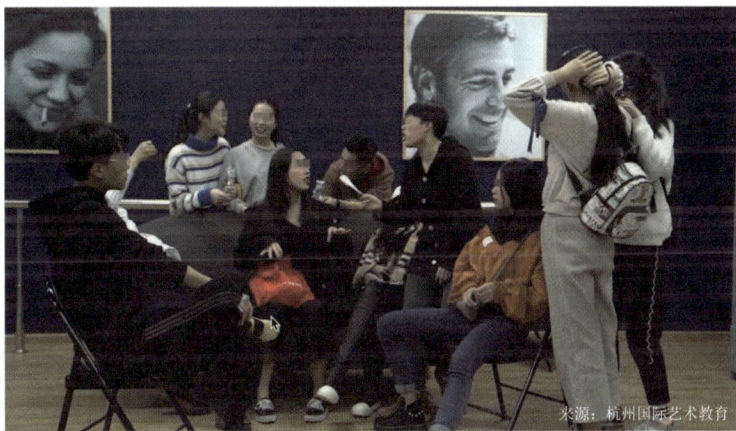

来源：杭州国际艺术教育

图 3-3　全景示例

3. 中景运用

中景镜头能将空间和人物主体展示清楚，常以动作情节取胜，环境只占据次要地位。当被摄体是静止物体时，也以该对象中最引人注意的部分为重点；若被摄体是人物，画面中的主要部分通常为手势。中景不仅可以烘托气氛，而且能有条理地叙述情节冲突的经过，叙事功能强，因此在视频拍摄中有较高的使用频率。但在运用时要注意避免构图死板，可根据需求灵活应变。如图 3-4 所示。

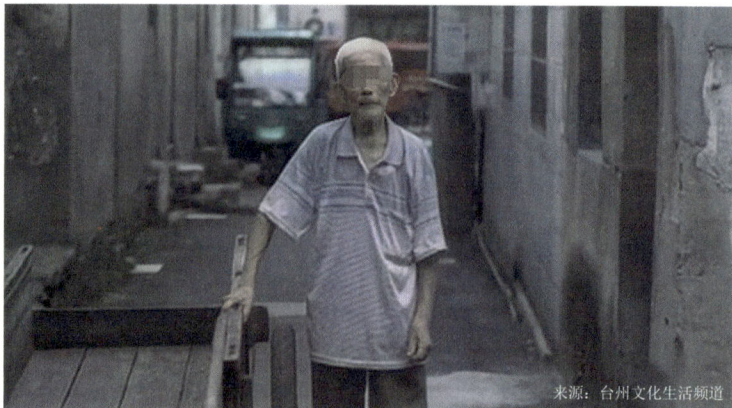

来源：台州文化生活频道

图 3-4　中景示例

4. 近景运用

近景可以拉近画面中人物与观众之间的心理距离，因此近景是用来表达情感、刻画人物心理活动的主要景别，具有很好的情感传递效果。近景的整体构图较好把控，由于距离被摄体近，因此细致地表现人物的面部神态和情绪波动就成为画面中表达的重点。人物近景时，面部表情是画面的主要内容，眼睛成了画面的中心部分，所以近景要处理好眼神。与特写不同的是，近景有外部环境参与，因此可以适当虚化或弱化环境，达到突出主体的目的。如图 3-5 所示。

来源：《西部慢训》电影截图

图 3-5　近景示例

5. 特写运用

特写比近景距离更近，将景物主要部分比如人的面部充满整个画面（图 3-6）。特写镜头不仅能表现比近景更细微的面部表情、描绘人物的内心活动，还能作为信息提示，营造悬念等。使用特写镜头能够让观众集中注意力，不自觉进行情感代入。但特写镜头用多了容易给人混乱感，且道具特写通常意味着重点强调，因此特写镜头不宜滥用。

来源：《复仇者联盟》电影截图

图 3-6　特写示例

任务 2　拍摄构图

在被限定的空间里，根据拍摄题材和主题思想要求，借助创作者的技术和造型手段，合理安排所见画面上各元素的位置，让元素结合并有序地组织排列，形成一个协调完整并具有一定艺术形式的画面，这就是构图。

本任务主要从以下两个方面展开讲解：

➤ 构图原则

➤ 构图方式

一、构图原则

遵循构图原则，可以创造出更具美学效果的视觉作品，同时也可以使拍摄的作品更容易传达主题和情感，达到预期的效果。在短视频拍摄中，经常使用的构图原则有减法、均衡及对比三种原则。

1. 减法原则

构图时画面要素不可过多，否则可能产生杂乱无章的观感。可以通过简化画面来突出主体。常见的留白、背景虚化、截取局部等方法都是遵循了构图的减法原则，让视频画面看上去更简洁干练。如图 3-7 所示。

图 3-7　减法原则示例

2. 均衡原则

均衡不是平均，而是一种合乎逻辑的比例关系，能使画面具有稳定性。稳定是人类在长期观察自然中形成的视觉习惯和审美观念。符合这种审美观的艺术可让人产生美感（图 3-8），违背均衡原则在视觉上会让人较难接受。

图 3-8　均衡原则示例

3. 对比原则

运用对比可以增强视频主体的表现力。对比包括大小、色彩、形状、体积等的对比。如图 3-9 所示画面就属于色彩对比，运用对比色突出主体，达到"万绿丛中一点红"的效果。

图 3-9　对比原则示例

二、构图方式

构图是创作者在拍摄时为了表现主题和整体美感而安排和处理人与物之间的位置关系。下面介绍几种常见的构图方式。

1. 九宫格构图

九宫格构图指的是用横竖的两条直线将画面等分为九个格子，九宫格的画面中会形成四个交叉点，我们将这些交叉点称为趣味中心点。可以利用这些趣味中心点来安排主体，使主体对象更加醒目。如图 3-10 所示。

图 3-10　九宫格构图示例

2. 黄金分割构图

古希腊数学家毕达哥拉斯提出著名的黄金分割点，认为任何线段上都存在着一点，可使线段较长部分与全长的比值等于较短部分与较长部分的比值，其比值约为 0.618，这被公认为是最能引起美感的比例。黄金分割构图是拍摄中运用最为广泛的构图手法，如图 3-11 所示。

图 3-11　黄金分割构图示例

3. 中心构图

如图 3-12 所示，中心构图就是将主要拍摄对象放到画面中间。一般来说画面中间是人们的视觉焦点，看到画面时最先看到的会是中心点。这种构图方式最大的优点就在于主体突出、明确，而且画面容易取得左右平衡的效果。这种构图方式也比较适合短视频拍摄，是常用的短视频构图方法。

图 3-12　中心构图示例

4. 框架式构图

框架式构图就是将画面重点利用框架框起来的构图方法。这种构图方法在短视频中会产生窥视感。框架不一定是方形，也可以是其他形状。在拍摄时可以利用门框和窗户搭建拍摄框架。框架式构图不仅使内外形成明暗反差，还更加聚焦视线，有代入感；同时可以丰富画面内部构图，形成层次感，如图 3-13 所示。

来源：《短视频拍摄的 4 个常用构图法》，https://www.sohu.com/a/617702686_121620409

图 3-13　框架式构图示例

5. 对角线构图

对角线构图是指在画面中两个对角存在一条连线，这条对角线上的元素可以是主体，也可以是辅体，如图 3-14 所示。对角线构图有效利用了画面对应的两个角，形成了一条极长的斜线，牵引着人的视线，让画面富有动感。

视频中使用对角线构图更多的是用来交代环境，较少用来表现人物，除非需要表达特定的人物设定。这类构图方式有很强的编导的主观态度，适用于拍摄旅行类的短视频。

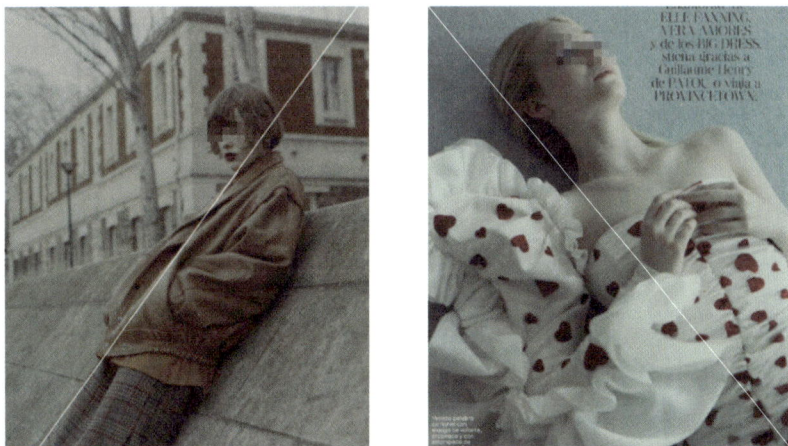

图 3-14　对角线构图示例

6. 对称式构图

对称式构图具有平衡、稳定、相呼应的特点，常用于表现对称、建筑、特殊风格的物体。对称式构图拍摄能给人一种秩序感，让人产生严肃、安静、平和的感受，其色彩、影调、结构都蕴含着平衡、稳定的美，但运用得太多容易显得呆板且缺少变化。对称式构图主要包括上下对称（如图 3-15 所示）、左右对称等。

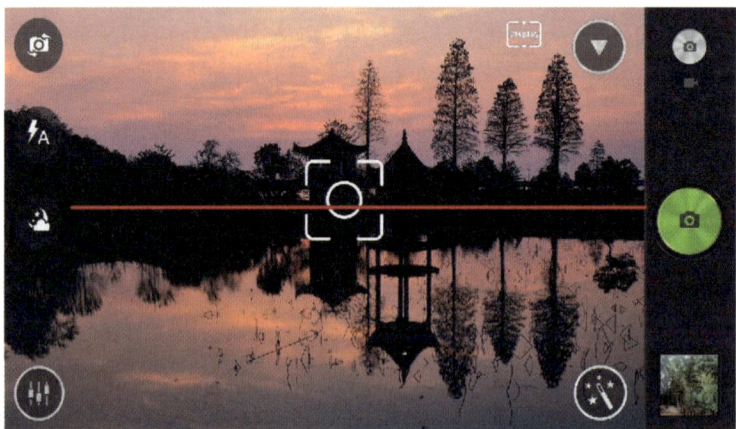

图 3-15　对称式构图示例

任务 3　拍摄布光

拍摄短视频是一门学问。前期撰写脚本、选择拍摄地点和人物，后期剪辑与处理，每一个环节都关系到成片的质量。在拍摄的过程中，合理的灯光布置除了能够起到照明的作用，还能塑造人物的形象以及营造环境的氛围。

本任务主要从以下两个方面展开讲解：

➤ 光源构成
➤ 布光技巧

一、光源构成

短视频拍摄过程中除了需要准备好摄影设备之外，还需要注意布光是否合理。不同类型的光线会对拍摄产生不同的影响，而主光、辅光、背景光和轮廓光则是常见的四种光型。当然，还有几种较少使用的光型，例如修饰光和模拟光，如图 3-16 所示。限于篇幅，本任务侧重介绍前四种光型。

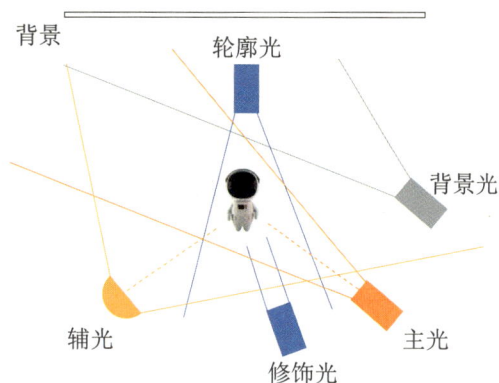

图 3-16　光源构成

1. 主光

主光是室内拍摄中的主要照明光源，通常用来照亮主体并塑造其形象，起到调节画面整体效果的作用，如图 3-17 所示。

主光表现光源的方向和性质，产生明暗的阴影和反差，塑造被摄体的形象，又称塑形光。一旦确定了主光，画面的基础照明及基调就得以确定。需要注意的是，对一个被摄体来说，主光只能有一个。可采用功率较大的 COB（板上芯片封装）影视灯或平板灯等较为均匀的光源来制作主光。

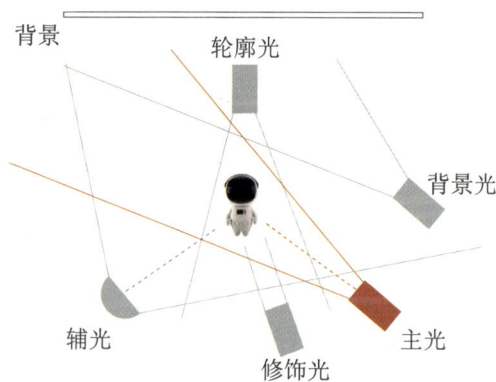

图 3-17　主光

2. 辅光

辅光通常被称为副光、补光，用来补充主光照射不到的被摄物的其他面的光线，以达到全面照亮的效果。辅光须配合主光使用，如图 3-18 所示。

辅光可提高被摄体暗部亮度，增加立体感，表现质感。辅光的作用体现为：① 决定被摄体暗部的层次和细节的表现；② 控制被摄主体的光比。辅光常用功率较小的 COB 影视灯。

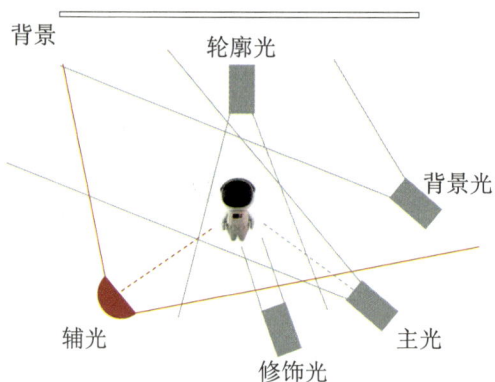

图 3-18　辅光

3. 背景光

背景光为位于被摄体后方朝向背景照射的光线，用于照亮背景、营造气氛、突出主体以及增强空间感，如图 3-19 所示。可使用遮光聚光工具产生不同光影和明暗，也可以运用彩灯、色片制造各种色彩氛围。在 COB 影视灯前加上四叶片、色片等附件，或使用 RGB 全彩灯调节不同色彩和特效。

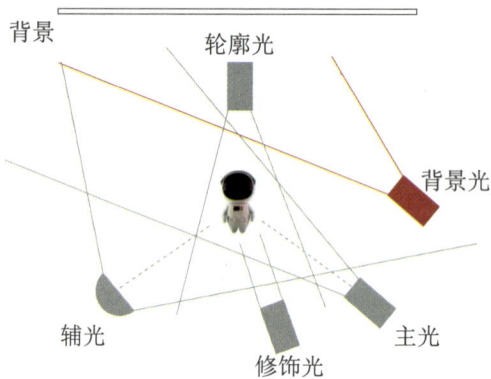

图 3-19　背景光

4. 轮廓光

轮廓光是指勾勒被摄体轮廓的光线，一般使用逆光或侧逆光来实现，如图 3-20 所示。轮廓光能够让被摄体与背景分离，突出其形态，增强轮廓的质感和层次感。制作轮廓光可以采用小功率 COB 影视灯或聚光灯等光源。

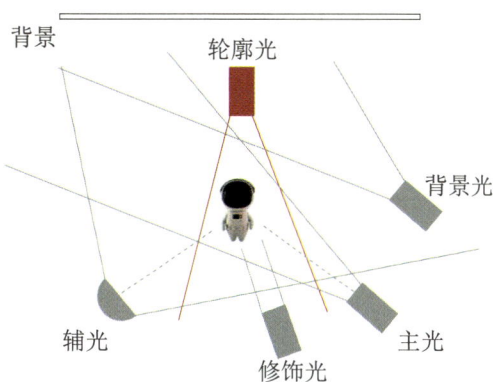

图 3-20　轮廓光

专家指导

　　在实际拍摄中，这些光型可以灵活组合和调整，根据实际需求和画面效果来确定使用哪些光型。同时，在选择拍摄场景和拍摄物体时，也要考虑光线的方向和强度，以便更好地利用自然光或补光灯来达到理想的拍摄效果。

二、布光技巧

　　不同的光通过调整位置、距离、亮度、角度、色彩等，都可以产生不同的效果，组合成表现不同主题的光线。布光组合有单灯、双灯、三灯等。

1. 单灯布光

　　使用主光可以拍摄出被摄体的基本形态，表现出空间或物体的表面结构，因此通常以主光作为单灯布光的光源。只有一盏灯的情况下，通常会调整光的位置、颜色、亮度，使用反光板等道具来控制光质的软硬，以此表达不同主题。单灯的明暗对比有利于表达主体的个性特征、特殊气氛等。

2. 双灯布光

　　双灯布光是常用光型的两两组合，特点是灵活方便。下面介绍几种常用的双灯布光组合的特点，如表 3-1 所示。

表 3-1　常用双灯布光组合

组　合	用法及特点
主光 + 主光	又叫平光，左右各放一盏柔和的等功率灯，展现明亮干净的画面，主体一览无余，但立体感不足，人物易显胖。适合立体感较强的主体
主光 + 辅光	可根据不同内容调整光的位置、颜色、质感，以控制阴影反差来表现主体的立体感
主光 + 背景光	主光的位置、质感，背景光的颜色、光效，遮挡附件和格栅的选择可根据不同内容调整，可以简洁有效地营造环境氛围，表达特定主题
主光 + 轮廓光	结合主光和轮廓光的优点，主灯使用硬光、软光、反射光以表现主体的不同特点和质感，轮廓光加上四叶片等附件调整角度、强度，用于灵活展现主体的轮廓形态

3. 三灯布光

三灯布光，顾名思义是三种光型的布光组合，在双灯的基础上加上一盏灯作为辅光、背景光或轮廓光。相较于双灯布光，三灯布光更加多变，光线更加丰富。下面介绍 6 种三灯组合，如表 3-2 所示。

表 3-2　三灯布光组合

组　合	作　用
主光 + 辅光 + 背景光	将主体与背景分离开，通过调整背景光的角度、面积、色温产生不同的效果
主光 + 辅光 + 轮廓光	用于塑造主体的轮廓、曲线、空间感
主光 + 双背景光	使用双背景光，调整背景光的角度和强度，以衬托出主体的明暗变化
主光 + 背景光 + 轮廓光	在主光对角线的位置加上轮廓光，以将主体衬托得通透、立体
主光 + 双轮廓光	通过两个不同角度的轮廓光来产生立体通透的主体效果
双主光 + 轮廓光	双主光组合成上下夹光，加上轮廓光，可以塑造立体感、空间感

任务 4　拍摄镜头

在短视频拍摄中，拍摄镜头的运用大体可归纳两种：固定镜头和运动镜头。画面的呈现均由这两种镜头完成。通过恰当地运用这两种镜头，就可以创造出多样而丰富的画面，从而更好地传达视频的内容，让观众更好地理解和感受其中的信息。

本任务主要从以下两个方面展开讲解：

➤ 固定镜头

➤ 运动镜头

一、固定镜头

固定镜头是指在拍摄一段画面的过程中，相机空间位置、镜头光轴和焦距都固定不变（俗称"三不变"），如图 3-21 所示。而被摄对象可以是静态的，也可以是动态的。它的核心点就是画面所依附的框架不动。简单来说，固定镜头就是摄影机镜头保持不变所拍摄的固定画面。

图 3-21　固定镜头

1. 适用场景

固定镜头可以维持稳定的视角和框架，使观众更专注于被拍摄的对象。固定镜头在实际拍摄中的使用场景有以下几种：

（1）表现静态环境。固定画面中背景和环境的表现能够在观众的视线中得到较长时间、比较充分的关注，在视觉语言中常常起到交代客观环境、反映场景特点、提示景物方位等作用，在静止的框架内强化和突出静态的环境。

（例）　在纪录片中，经常看到用固定镜头记录大自然、建筑等静态主体的壮丽和宏伟，突出展现环境，如图 3-22 所示。

来源：腾讯网，中国气象爱好者

图 3-22　固定镜头拍摄的自然风光

（2）突出表现人物。对一些重要人物，用固定镜头拍摄其静态，符合观众"盯看"和"凝视"的视觉要求，同时也是表现人物面部表情、表达情绪常用的手法。

例　在电影《海上钢琴师》中，主人公下船一幕，导演就用了固定镜头来表现人物的复杂情绪，如图 3-23 所示。

图 3-23　固定镜头拍摄的人物表情

（3）记录运动物体的变化。固定镜头能够通过环境参照物，记录和反映被摄主体的运动速度和节奏变化，同时能表现运动物体与环境的关系。

例　在赛车比赛中，固定机位不动，赛车在摄像画面中疾驰而过，可以突出表现赛车的快，如图 3-24 所示。

图 3-24　固定镜头拍摄的赛车画面

（4）塑造画面美感。固定镜头在造型上具有绘画和图片效果，与运动镜头相比，更富有静态的造型美及美术作品的审美体验。无论是在短视频，还是在影视中，要表现极致的美学画面，通常采用的都是固定镜头。

例　纪录片《中国》运用了大量的固定镜头来呈现极致的东方美学，图 3-25 所示为孔子和老子坐而论道的画面，意境、美感十足。

图 3-25　固定镜头拍摄的视觉美感

（5）表现"静"的心理反应。固定镜头由于其稳定的视点和静止的框架，便于通过静态造型引发趋向于"静"的心理反应，给观众以深沉、庄重、宁静等的感受。

例　在许多户外账号发布的短视频中，经常可见采用固定镜头拍摄的辽阔景色，这种静态的画面往往能够给予人们宁静的心理感受，如图 3-26 所示。

来源：个人图书馆

图 3-26　固定镜头拍摄的宁静乡村

（6）用于回忆镜头。从画面表现的时间长短来说，运动画面有一种"近"的感觉，即正在发生、正在进行的时间感；而固定画面则易于表现出"远"的感觉，如时间上表现过去感、往事感、历史感。

例　如图 3-27 所示为《辛德勒的名单》影视画面截图，固定镜头的客观记录式拍摄使观众清晰地看到女孩的处境，为后续辛德勒的一系列行动和角色转变做了有力的铺垫。

图 3-27　固定镜头拍摄的回忆场景

2. 拍摄须知

固定镜头拍摄时画面视点单一，画面框架受到限制，因此要拍出合格的固定画面，须知以下要点：

（1）要善于捕捉动感因素。在拍摄固定镜头时要注意捕捉动感因素，增强画面内部活力。

（2）要注意纵深方向上的拍摄。拍摄固定镜头要有目的、有意识地提炼纵深方向上的线、形、色等造型元素，使其具有立体感。

（3）要拍好镜头内在的连贯性。在拍摄时要充分考虑到后期剪辑的镜头组接问题，要注意拍摄方向、拍摄角度、轴线关系和景别设计，注意镜头的内在连贯性。

（4）要注意构图的艺术效果。固定画面的构图一定要精致讲究，要有艺术性、可视性。另外，在拍摄固定镜头时，最重要的一点就是要稳，尽量不要抖动。

二、运动镜头

运动镜头是通过机位、焦距和光轴的运动，在不中断拍摄的情况下，形成视点、场景空间、画面构图、表现对象的变化。视频拍摄时可用的运动镜头有很多，常见的有推、拉、摇、移、跟、升降、甩七种。

1. 推镜头

定义：是指摄像机向被摄主体方向推进，或者变动镜头焦距使画面由远而近向被摄主体不断接近的拍摄方法，如图 3-28 所示。

这种运镜技巧有聚焦和突出拍摄主体的作用。在拍摄人物主体时，镜头缓慢向前推进，人物在画面中的比例逐渐变大，让人物更突出。即使拍摄画面中没有镜头主体，使用推的运镜方式也能让观众更有代入感。

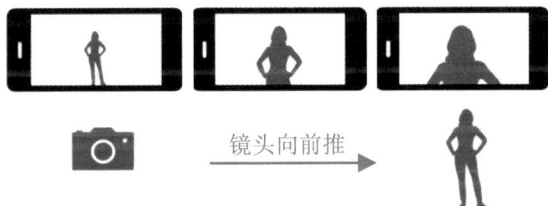

图 3-28　推镜头

2. 拉镜头

定义：与推相反，拉是把被摄主体在画面中由近至远、由局部到全体地展示出来，使得主体或主体的细节渐渐变小，如图 3-29 所示。

拉镜头能强调人与人、人与环境之间的关系。在拍的过程中，镜头逐渐向后拉远，让镜头远离拍摄主体，成片的视觉效果也与推相反。拉的运镜技巧能够起到交代环境、突出现场的作用，让看视频的人了解拍摄主体所在的环境特点，增加画面的氛围。

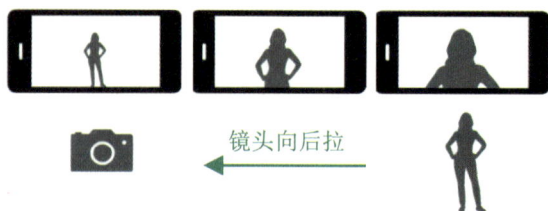

图 3-29　拉镜头

3. 摇镜头

定义：指摄像机只发生角度变化，位置不动，方向可以是左右摇或上下摇，也可以是斜摇或旋转摇，如图 3-30 所示。

通过摇镜头可以对空间和环境进行描述介绍，展现空间全貌。其作用是对被摄主体的各部位逐一展示，或展示规模，或巡视环境等。其中最常见的是左右摇，在电视节目中经常使用。

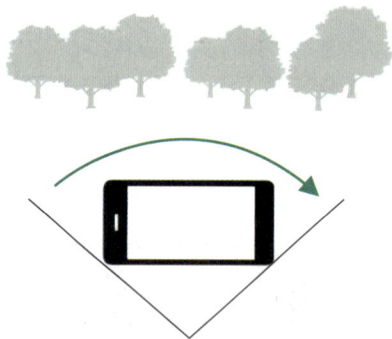

图 3-30　摇镜头

4. 移镜头

定义：全称为横移镜头，是指摄像机沿水平作各方向移动并同时进行拍摄，可理解为平行移动，方向横向、纵向或倾斜角度皆可，如图 3-31 所示。

这种运镜方式能够表现人物与环境的关系，与其他运镜方式结合时能呈现出不一样的效果。如果被摄体处于运动状态，用移镜头可在画面上产生跟随的视觉效果。但要注意移动的轨迹要以直线为主，避免无规则移动。

图 3-31　移镜头

5. 跟镜头

定义：镜头跟随处于运动状态中的人物或物体进行拍摄，如图 3-32 所示。

跟的运镜技巧可以理解为跟随，拍摄移动的主体时，镜头一直跟随拍摄主体移动。镜头和主体同步运动，可以保证拍摄主体在画面中的比例是不变的，跟随拍摄也能让画面增加代入感。

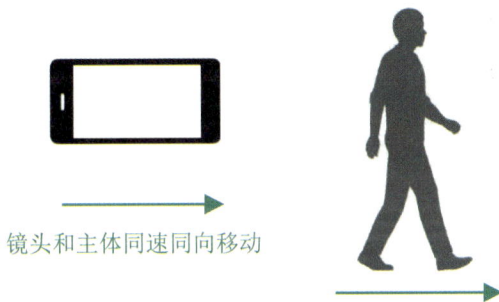

镜头和主体同速同向移动

图 3-32　跟镜头

6. 升降镜头

定义：指摄像机上下运动进行拍摄，如图 3-33 所示。

升降镜头能够展现事件的规模和气势，或表现处于上升或下降运动中的人物的主观视像，表现高度和空间感。与推、拉和变焦距镜头结合使用，能产生变化多端的视觉效果。一些气势宏大的场面经常使用升降镜头。

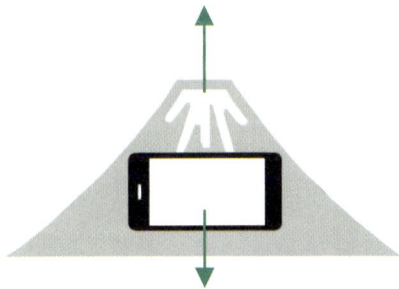

图 3-33　升降镜头

7. 甩镜头

定义：是摇的一种，前一个画面结束后，镜头急转至另一个方向，让观众有镜头甩动的既视感，如图 3-34 所示。

拍摄画面由于晃动而变得非常模糊，等镜头稳定时才出现一个新的画面。这种运镜方式能够生动地表现事物、时间、空间的急剧变化，从而增强观众观看时的心理紧迫感。

图 3-34　甩镜头

　　在短视频拍摄过程中，创作者需要策划合理的镜头调度、安排不同景别的切换以及合理的镜头运动。运用好景别和运镜有利于视频剧情的叙述，同时能够表达出更丰富的人物情节，从而增强视频的感染力，便于观众理解剧情。

专家指导

　　要拍摄一个标准的运动镜头，其规范如图 3-35 所示。

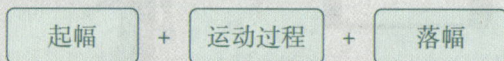

起幅　＋　运动过程　＋　落幅

起幅、落幅　内容上 / 形式上　要求明确

图 3-35　标准运动镜头拍摄

　　（1）起幅：运动镜头开始的画面

　　要求：从固定画面开始，逐渐引入相机运动。确保构图合理，有适当长度，由固定转为运动画面时要自然流畅，避免突兀的转变。一般，有动作的场面，让观众看清人物动作；无动作的场面，让观众看清景色。

　　（2）落幅：运动镜头终结的画面

　　要求：由运动转为固定画面时能平稳、自然，尤其要准确地按照事先设计好的景物范围或主要被摄对象位置停稳画面，画面构图要精确。

课程实践

本项目的实践环节共有 1 个任务，请同学们参照配套实训书，完成任务。

任务排序	实训名称	主要工作内容
1	短视频拍摄技巧练习	完成不同景别、运镜、布光与构图的练习，并提交练习成果

课后思考

回顾本项目内容，回答以下问题：

1. 双灯布光有什么作用和优势？

2. 常用的构图方式有哪些？

3. 拉镜头有什么作用？

延伸拓展

扫码阅读以下学习资源，拓展自己的知识和视野。

文章 1：短视频灯光的选择和布置

文章 2：如何利用构图讲好故事

文章 3：手机拍摄短视频的小技巧

文章 1　　　　　　文章 2　　　　　　文章 3

思政园地

非遗 + 短视频，让传统老手艺"破圈"

思政元素：文化艺术、非遗技艺。

江西新余洞村竹编非遗传承人李年根从 9 岁开始学习竹编。四五十年前，手艺精湛、效率极高的李师傅闻名乡里，大家都喜欢买他的竹制品。但随着时代发展，制作周期极短的工业化产品严重冲击了传统手工艺品的生存空间，李师傅从事的竹编行业也受到影响，他的同门师兄弟和徒弟们纷纷转行。

坚守非遗竹编技艺50余年的李师傅始终不肯放弃，凭着一股倔劲儿，开始尝试寻找新出路。一次偶然的机会，有人建议李年根在互联网上展示竹编手艺，他便尝试着"触网"。令人意外的是，拍了几次展示竹编手艺的短视频后，李年根的短视频平台账号就吸引了100多万粉丝。如今，他的短视频平台账号粉丝400多万，作品获赞3 000多万。

终于，短视频让这门竹编手艺在网络上"走红"。李师傅还将竹编玩出了不一样的花样，除了传统的竹编作品外，他还编过以假乱真的竹编西瓜，精致时尚的竹编包包、拉杆箱、化妆盒等，编的二维码还可以扫……很多网友通过评论留言提出想让李年根编制各种新奇有趣的东西，他都会尽量满足。

现在李年根的作品通过网络已经卖到全国各地，甚至有粉丝专程来找李年根定制作品。李年根的竹编生意红火起来之后，还带动了村里的其他竹编手艺人。在李年根的带领下，村里的竹编产业形成了一条初步的产业链，带动了20多户家庭增收致富。

短视频的表现形式多样，视觉冲击力突出，在短短十几秒内，就能把非遗老手艺最美、最真实、最吸引人的一面展现出来。古老的非遗文化在新技术、新载体的助力下传播开来，让传统手艺被越来越多的人看见，焕发出新活力。

（资料来源：吸引"粉丝"数百万，竹编老李有绝活！[EB/OL].（2021-09-16）[2024-11-29].https://baijiahao.baidu.com/s?id=1711050146389267862&wfr=spider&for=pc）

思考与讨论

1. 即将被淘汰的传统竹编技艺为何会在短视频平台焕发活力？
2. 通过这个案例，你获得了什么启示？

04

项目四 短视频拍摄策划与实施

项目内容

　　本项目主要针对短视频拍摄内容策划、现场拍摄流程、镜头组接技巧等内容展开讲解，并通过实例任务操作帮助学生提升技能熟练度。掌握本项目知识与技能，基本能满足短视频拍摄策划与实施的操作要求，拍摄出合格的视频素材。

💡 建议课时：8 课时

学习目标

知识目标	技能目标	思政素养目标
• 能概述脚本的作用； • 能简述三类短视频脚本的撰写要素； • 能列举两种以上短视频现场拍摄的流程； • 能概述镜头组接的原则及方式。	• 能根据引导完成短视频拍摄内容的策划，并按照脚本内容实施拍摄。	• 培养勇于探索的职业素养； • 培养互帮互助、协作交流的团队精神。

课程导图

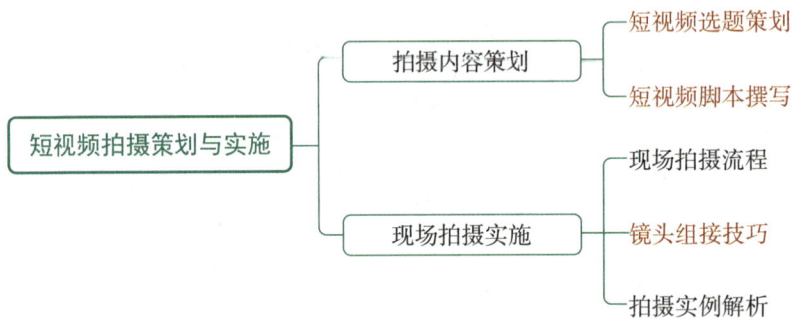

案例导入

经过一段时间的学习，小万对短视频产生了浓厚的兴趣，并构思出一个以介绍家乡文化为主题的剧本。他计划邀请家乡居民参与拍摄，全面展现家乡的风土人情。然而，在邀请居民的过程中，他屡屡受挫，意识到自己之前的想法过于零散，缺乏明确的实施步骤。

经过资料搜集和学习，小万发现原来在拍摄短视频前要进行详细的策划，需要明确拍摄主题和流程，最终将策划内容写成脚本。脚本中需涵盖所有细节，包括画面、台词、拍摄角度、后期剪辑和配乐等。他意识到，如果不进行充分的策划就仓促拍摄，将无法达到预期的效果。

通过不断的努力，小万终于完成了详细的脚本。他深信，这份脚本将成为他成功拍摄视频的重要保障。在后续的拍摄过程中，他将严格按照脚本执行，力求达到预期的效果，为观众呈现出家乡文化的独特魅力。

【思考】

认真思考以下问题，并带着疑问进入课堂寻找答案吧。

1. 脚本的作用是什么？

2. 分镜头脚本包含哪些要素？

3. 镜头组接都有哪些方式？

任务 1　拍摄内容策划

在短视频制作中，拍摄内容策划是至关重要的环节，它涵盖了选题和脚本撰写等步骤。选题决定了整个短视频创作的主题和方向，而脚本则作为拍摄和后期处理的基石，为创作者提供了明确的操作依据。通过事先进行拍摄内容策划，创作者可以更好地梳理思路，从而确保整个制作过程的顺利进行。

本任务主要从以下两个方面展开讲解：

➤ 短视频选题策划

➤ 短视频脚本撰写

一、短视频选题策划

拍视频和写作一样，最终都会面临一个问题：具体该出什么内容？这就涉及选题的问题。在短视频创作中，选题的重要性不言而喻，它不仅决定了整个视频的基调，还直接影响视频的传播效果。

1. 选题基本原则

每个账号都有其独特的定位，因此在选题时，创作者需要具备一定的判断力，了解判断一个选题是否与账号定位相契合。为确保选题与账号定位的一致性，创作者应遵循以下三个原则：

（1）符合账号定位的目标人群。创作者应根据自身账号定位选择选题，以吸引与账号目标人群相符的受众。

例　对于旅行摄影博主，选题要聚焦于中国各地的壮丽自然景观，分享自己的旅行经历、摄影技巧等；对于本地美食博主，选题要专注于本地的美食文化，推荐当地的特色餐馆、小吃摊和知名菜品。

（2）瞄准粉丝的痛点、痒点或爽点。选题应针对粉丝的需求和兴趣点，能够触及他们的痛点、引发好奇心或提供愉悦感。选择的话题应与粉丝产生强烈的联系，激发他们的兴趣，使他们产生持续关注的欲望。

> **例**　账号定位：心理健康护理师
>
> 选题：战胜焦虑的自我疗愈之道。
>
> 描述：这个选题瞄准了粉丝情绪焦虑的痛点，并提供帮助他们克服焦虑的方法和技巧，如关于焦虑症的知识、心理疗法、冥想练习和情绪管理策略等内容，以帮助粉丝理解焦虑的根源，学习应对焦虑的方式。

（3）具备可操作性和传播性。选题应具备可操作性，即能够实现，不过于复杂或难以实施。如果选题本身就难以落实，那么努力去思考和执行就可能是徒劳的。此外，选题还应具备传播性，即能够引发讨论和分享。想要具备传播性，有三点要注意：有趣、有料、有共鸣。有趣是指让用户感到愉悦；有料是指让用户能够学到新知识；最重要的是要有共鸣，让用户产生情感上的共鸣。

> **例**　账号定位：美食探索家
>
> 有趣选题案例：全球奇特美食大揭秘。这个选题可揭示各地奇特、古怪的美食，分享罕见的食材、特殊的烹饪方法或令人惊讶的食物组合。
>
> 有料选题案例：探寻美食背后的文化故事。这个选题可以讲述美食的历史渊源、文化象征和与社会习俗的关联。
>
> 有共鸣选题案例：寻找美食的情感记忆。这个选题可以讲述自己或他人与特定美食相关的情感经历，如童年记忆、家庭传统或旅行回忆。通过真实而温暖的叙述、共鸣的情感描写和引发回忆的细节，引起粉丝的情感共鸣。

专家指导

选题传播性是要满足有趣、有料、有共鸣的特性，从具体维度来说，即选题要能满足如图 4-1 所示的某个点，这样才能更好地吸引用户观看。

引发共鸣	引起好奇	利益相关	引发欲望	引发思考
处事观念 个人遭遇 奋斗经历 身份共鸣	为什么做 什么原因 什么时候 故事反转	息息相关 群体利益 地域利益	食欲 爱欲 保护欲 追求美好的欲望	人生哲理 生活感悟

探求未知	满足幻想	感官刺激	获取价值	强烈冲突
新奇的事物 新鲜的景色 新鲜的人设 新奇的生活	爱情幻想 生活幻想 别人家的"××"	听觉刺激 视觉刺激 触觉刺激 ……	有用的信息 有价值的知识 有帮助的常识	身份角色的冲突 常识习惯的冲突 剧情反转的冲突 戏剧性和趣味性

图 4-1　选题切入点

2. 爆款选题库搭建

选题工作并不是在每次拍摄前才构思，而是要提前搭建一个"爆款"短视频选题库，这种做法可以大大提高创作效率，节省工作时间，同时也能避免创作灵感枯竭，帮助短视频团队持续不断地输出优质短视频作品。

常见的选题库模板如表 4-1 所示。

表 4-1　选题库模板示例

主 题	爆 点	标 签	来 源	时 间	备 注
学习上瘾？我发现了学霸们内卷的秘密	内卷	学习	小红书热榜		
不用带钥匙的快乐，独居女孩的安全感来自它	独居女孩	好物分享	B 站精选		

选题是对作品内容的构想，是向用户传达的主要信息点。因此要确定这个信息点，首先得学会挖掘信息，即选题来源。常用的方法渠道有以下几个：

（1）热点选题

根据每个月的营销热点和新突发的热点事件进行主题关联，挖掘自己可用的选题，进而获取网友的关注与传播。营销热点即节假日、传统节日等，可在网上查询营销热点日历，如图 4-2 所示。热点事件即出现在各大平台热搜榜单的事件，如微博热搜、抖音热搜等等。此外，还可以通过第三方平台，如"蝉妈妈""飞瓜数据"等平台查询当前热点。

图 4-2 营销热点日历（APP 截图）

利用热点选题需要注意以下几点：

① 不符合定位的，与自己的领域实在不搭边的，不能选。

② 涉及国家、宗教、政治等敏感话题的，不能选。

③ 热点具有时效性，已超过该热点发酵时效的，不能选。

（2）系列选题

系列选题就是在账号定位的内容领域，针对目标用户群体经常遇到的问题做的一系列干货内容。

例 减肥领域的博主就可以做"大体重减肥的 100 个注意事项""减大肚腩的 36 个大妙招"等等，这就是系列选题。

做这种选题，创作者还可以结合受众群体的需求，选择其中一类关键词进行拓展、细化，延伸出更多的系列选题。

例 大体重减肥话题可以进一步细分，延伸出如何合理安排膳食、如何控制热量摄入、如何选择合适的蛋白质来源等等选题。用思维导图来表示理解可更直观，如图 4-3 所示。

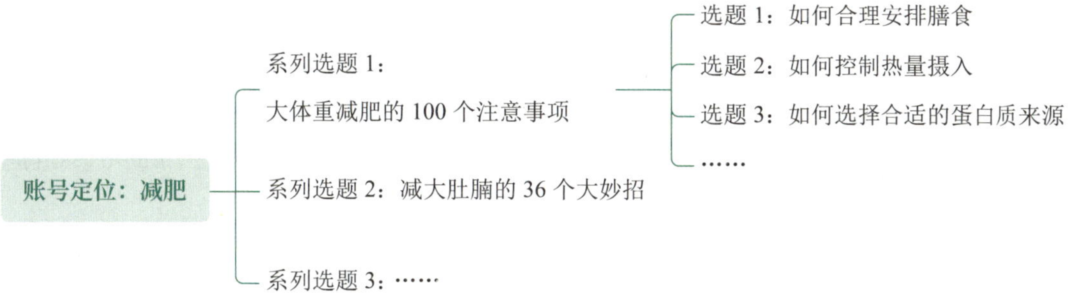

图 4-3　减肥账号系列选题思维导图

（3）关联词选题

"巨量算数"平台是一款功能强大的创作灵感搜集工具，其关键词搜索功能能够深入挖掘实时热度的关联词，为选题工作提供有力支持。

例　在"巨量算数"上搜索"妆容"，点击"关联分析—内容关联词"，会显示关联词图谱，点击关联词即可查看相关的热门话题，如图 4-4 所示。

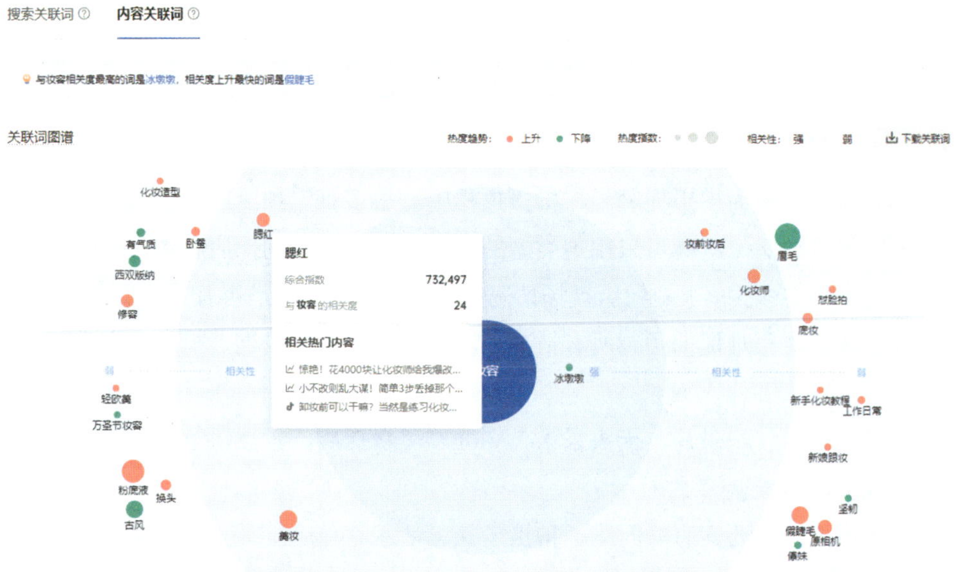

图 4-4　"巨量算数"关联词图谱

（4）竞品选题

短视频创作者可以研究同领域账号的爆款视频，搜集其选题，并进行整合分析，从而获得灵感，拓宽选题范围。

（5）用户评论选题

用户评论选题是从自己账号或竞争对手账号的视频评论区寻找有价值的话题。评论可以直接反映出用户的态度，通过这种方式进行选题，不仅可以精准地把握用户的情感需求，还有助于提升短视频的互动效果。

（6）常规选题

常规选题要靠创作者日常积累，当遇到垂直领域内的优秀作品时，应及时收藏并纳入选题库。同时，还应有意识地培养自己发掘选题的能力和嗅觉，养成积累的习惯，随时收集选题。

二、短视频脚本撰写

脚本在制作短视频中起到了至关重要的作用。它不仅为前期准备、拍摄和后期剪辑等工作提供了基础和依据，还能确保所有参与人员对作品的统一理解和有效执行。如果没有脚本，制作过程中可能会出现各种问题，如场景不合适、道具不全、演员表演混乱或剪辑师无从下手等，这都可能导致整个视频制作过程的失败。总的来说，短视频脚本就像是一个详细的计划书，帮助团队在制作短视频时明确目标、协调工作，从而保证作品的顺利完成。

脚本的主要作用是协调和沟通，以便提高视频输出的效率。从使用场景上来划分，短视频脚本可以分为三类：提纲式脚本、分镜头脚本和文学脚本。

1. 提纲式脚本

提纲式脚本又称为拍摄提纲。在拍摄过程中有很多难以预测或不受控制的因素，且难以预先构思分镜头，这时可采用这类型的脚本形式。如策划探店脚本，由于探店那天不知道店里到底有多少客户、门店现场情况如何，拍摄过程中是否有其他意外情况出现，随机情况比较多，很难提前预判所有情况，因此可制定拍摄提纲，梳理出大致的拍摄思路即可。

（1）适用题材：纪录片、街头采访、Vlog、美食探店、景点讲解、真人访谈等不可预测和掌控的内容领域。

（2）提纲式脚本要素有时间线、拍摄场景、话术。

例　以厦门鼓浪屿的景点打卡视频为例，选择三个代表性景点进行拍摄，拍摄提纲形式如表 4-2 所示。

表 4-2　拍摄提纲示例

时间线	拍摄场景	话术
到达鼓浪屿	拍摄鼓浪屿码头	简单介绍鼓浪屿
逛街	拍摄街道上的游客	介绍鼓浪屿客流量

时间线	拍摄场景	话　术
游览菽庄花园	拍摄菽庄花园	介绍菽庄花园的历史
游览皓月园	拍摄皓月园	介绍皓月园的历史
游览日光岩	拍摄在日光岩上俯瞰小岛	介绍俯瞰的景色
返程	拍摄从另一条路回码头	结语

2. 分镜头脚本

分镜头脚本是指将连续的文字转化为能够用镜头直接表现的画面。与提纲式脚本相比，分镜头脚本更详细，脚本中不仅包括完整的故事，还要把故事的情节点翻译成镜头，每个分镜中都需要包含拍摄与制作上的细节。

（1）适用题材：剧情类、好物分享、搞笑段子等涉及多场景画面的内容领域。

（2）分镜头脚本要素：镜号、景别、镜头运动、画面内容、时长、台词对白、音效等。

例　如表 4-3 所示为一个简单的分镜头脚本。

表 4-3　分镜头脚本示例

视频标题：坐公交错过站怎么办？						
镜　号	景　别	镜头运动	画面内容	时　长	台词对白	音　效
1	全景	从左到右缓慢平移	小明在上学的公交车上	4秒	我叫小明，是一名高中生	人群嘈杂声
2	特写	固定	小明耳机特写	3秒		
3	中景	右到固定	小明在拥挤的车厢内	3秒	我热爱音乐	音乐淡入
……						
……						

3. 文学脚本

相较于分镜头脚本，文学脚本在形式上更为简洁。分镜头脚本着重于对画面的描述，而文学脚本则更注重内容的阐述。因此，文学脚本的撰写无须过于细致地描述场景和拍摄手法，只需注明每一期视频的主题和拍摄场景，并写出演员要做的任务和说的台词。

很多个人短视频创作者和中小型短视频团队为了节约创作时间和资金，也都会采用文学脚本。

（1）适用题材：口播、教学、营销类等剧情简单、场景单一的内容领域。

（2）文学脚本要素：主题、场景、演员、台词等。

例 如表 4-4 所示为电商 APP 营销短视频文学脚本。

表 4-4　文学脚本示例

脚本要点	脚本内容
标　题	闺蜜的不同生活
演　员	两名女性
时　长	40 秒
场景 1 咖啡厅	咖啡厅角落的一个沙发上，穿着朴素的女 1 正在焦急地打电话。 女 1：唉，你刚辞职两个月，我们公司就开始裁员了，好多人都被辞退了，我好不容易留了下来，也都被降薪了。我刚看了一个新的包包，本来准备下手，这下可好，连信用卡都还不上了！（烦躁地叹了口气）你还有多久到啊？我再不和你倾诉一下，都快憋不住了！
场景 2 路边	迎面走过来的一个女人，镜头从下往上，不拍脸。穿着细跟高跟鞋、时尚的套裙，拿着名贵的手包和新款手机，步履轻快。 女 2：呵呵，我不是来了嘛，你别急，我到门口了。
场景 3 咖啡厅	女 2 走近女 1，把手包和手机放到桌上，女 1 看到女 2 全身上下的打扮，以及包包和手机后感到很惊讶。 女 1：你这是中彩票了吗？我现在连化妆品都不敢买了，你连工作都没有，居然买了限量版的套裙和包包。 女 2：发什么财啊，我上个月不是给你说，我开了个网店呀，这不赚了点小钱么。 女 1：你这是赚了点小钱的样子吗？给我看看你这个网店里到底卖的啥？ 女 2 打开手机，屏幕中显示手机网店后台数据，销量十分可观。 ————中间文段省略———— 女 1：这么好！我也想试试。 女 2：早就叫你和我一起干了！点击视频左下角的链接，下载并安装 ××APP，在评论区还可以领取开店专属的新人福利。
……	……

专家指导

在实际工作中，一个完整的分镜头脚本撰写流程如下：

（1）确定选题：确定短视频的主题和目标。考虑受众的兴趣和需求，选择一个具有吸引力和独特性的选题。

（2）制定大纲：根据选题，制定短视频的整体大纲。确定视频的起始、发展和结束部分，以及主要的情节或内容转折点。

（3）构思画面与台词：根据大纲，构思每个场景的画面和对应台词。

（4）补充细节：补充每个分镜的细节，包括音效、镜头运动等。确保细节的连贯性和流畅性，使整个视频呈现出一种有吸引力、有趣的叙事节奏。

任务 2　现场拍摄实施

完成短视频内容策划后，就进入现场拍摄实施环节。在此阶段，创作团队成员须紧密协作，包括摄像、灯光、收音以及演员等，以确保视频产出的质量。同时，主创人员须预想镜头的组接方式，并结合脚本提示拍摄所有必需素材，以免在后期制作过程中出现素材缺失的情况。

本任务主要从以下三个方面展开讲解：

➤ 现场拍摄流程

➤ 镜头组接技巧

➤ 拍摄实例解析

一、现场拍摄流程

为了确保短视频的品质和一致性，无论是专业团队还是个人创作者，在现场拍摄过程中都应该遵循标准流程。这有助于提高拍摄效率并确保工作顺利进行。当然，不同的短视频赛道的拍摄流程有差别，以下是对不同类型短视频现场拍摄流程的简要介绍。

1. 剧情类拍摄流程

剧情类短视频涉及多场景、多人拍摄（如图 4-5 所示），因此其拍摄流程通常包括核对脚本、准备器材道具、拍摄素材、整理资料和备份等步骤。

（1）核对脚本：在拍摄之前，导演、摄像与演员要共同核对脚本，确保所有台词、动作和场景都清晰明确，并与拍摄计划相匹配。

（2）准备器材道具：准备摄影器材、灯光设备、音频设备，摆放道具等。

（3）拍摄素材：按照脚本提示，进行分镜拍摄。

（4）整理资料：拍摄结束后，对拍摄好的素材按场景进行整理，并提供给剪辑师进行后期制作。

图 4-5　剧情类

2. 口播类拍摄流程

对于背景固定的口播类短视频，例如在办公室、书房（图 4-6）、车内等场景，拍摄准备工作相对简单。只需一次性搭建好拍摄场地，在后续的实际拍摄中，演员对着提词器准确地说出台词即可。因此，整个拍摄流程主要包含两个环节：一是核对脚本，二是进行素材拍摄。

对于背景不固定的口播类短视频，例如边走边录（图 4-7）、打卡型等，实际拍摄中的准备工作就较为烦琐。由于需要寻找合适的拍摄环境，因此要提前进行踩点。这样一来，整个拍摄流程就包含了三个环节：一是寻找合适的拍摄环境，二是核对脚本，三是进行素材拍摄。

图 4-6　固定背景口播

图 4-7　不固定背景口播

3.带货类拍摄流程

在拍摄带货类短视频时，例如产品测评或好物分享（图 4-8）等，需要在视频中准确展示产品的特性、功能以及使用方法；同时，通过演示和解说来分享产品的使用体验和评价也是非常重要的。

因此，其拍摄流程主要包含以下环节：

（1）核对脚本，确保内容准确无误。

（2）亲自体验产品，以便更好地呈现其特点和使用体验。

（3）准备相应的拍摄器材和道具。

（4）布置拍摄现场，为拍摄创造合适的背景和环境。

（5）进行素材拍摄，包括演示、解说等环节。

（6）整理拍摄的素材，以备后续编辑和发布。

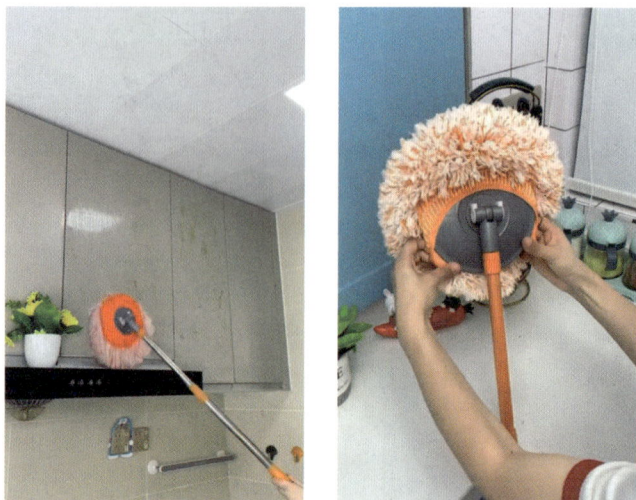

图 4-8　带货类

4. 户外类拍摄流程

在拍摄户外类短视频时，如旅游 Vlog、探店（图 4-9）等，会受到多种不可控因素的影响。因此，创作者通常会根据脚本进行大量的素材拍摄，并对其进行分类整理。在后期制作中，剪辑师再从中挑选出可用镜头进行剪辑。此外，在户外环境中拍摄时，还需要充分考虑天气、自然光线和外部干扰等因素，同时具备灵活应对场景变化和拍摄需求的能力。

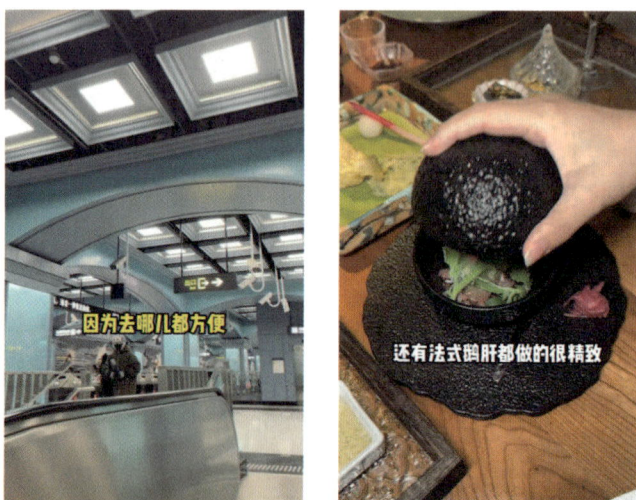

图 4-9　户外类

二、镜头组接技巧

把一个片子的每一个镜头按照一定的顺序和手法连接起来，成为一个具有条理性和逻辑性的整体，这就是镜头组接。镜头组接是后期剪辑的工作，但在拍摄时，创作人员就要有意识地去把控镜头，只有把脚本中的镜头组全部拍摄出来，后期剪辑时才能拥有更大的创作空间。下面介绍短视频镜头组接时应遵循的几个重要技巧。

1. 镜头组接要合乎逻辑

镜头组接需要符合逻辑，具体包括以下几个方面：

（1）符合生活逻辑：镜头组接应该按照事件发展的时间顺序、空间关系和事物之间的相关性来构建。这表现为：

① 时间的连贯：确保镜头之间的时间流转自然流畅。

例　假设我们拍摄一个人从家里出门到达目的地的场景。为了确保时间的连贯性，镜头应该按照如下方式拍摄：

镜头 1：人物在家中准备行李。

镜头 2：人物走出家门，关上门。

镜头 3：人物走进车站。

镜头 4：人物乘坐火车或汽车。

镜头 5：人物到达目的地。

② 空间的统一：在同一场景或相似场景中保持空间的一致性。

例　假设我们正在拍摄一个餐厅的场景。为了保持空间的统一性，镜头应该按照如下方式拍摄：

镜头 1：餐厅外观的远景。

镜头 2：进入餐厅的门口，拍摄门的特写。

镜头 3：进入餐厅内部，拍摄餐桌和椅子。

镜头 4：拍摄服务员和顾客的互动。

镜头 5：拍摄菜品的特写。

③ 事物之间的相关性：注意表现因果关系、对应关系、对比关系和平行关系等事物之间的关联性。

例　假设我们拍摄一场足球比赛。在表现事物之间的相关性时，镜头应该按照如下方式拍摄：

镜头 1：球员把球踢向球门，球进入空中。

镜头 2：切换到门将的反应，他跃起试图扑救。

镜头 3：球在空中旋转，门将伸手尝试扑球。

镜头 4：球落地并滚向球门。

镜头 5：门将成功扑救球并将球踢出。

（2）符合观众心理逻辑：这意味着要考虑观众对故事情节的理解和情感体验，并通过合适的镜头组合来引导观众的注意和情绪。

（3）符合艺术逻辑：镜头组接还需要符合艺术的要求，包括美感、情感表达和叙事效果等方面。创作者可以运用各种构图、镜头运动、剪辑节奏等手法，以达到艺术上的表现力和观赏性。

因此，在进行镜头组接时，需要综合考虑生活逻辑、观众心理逻辑和艺术逻辑，以创造出符合整体要求的合乎逻辑的作品。

2. 景别变化要自然

在剪辑过程中，若使用两个景别完全相同的画面来展示同一物体，会在视觉中产生一种突兀的"跳跃"感，即该物体似乎突然发生了位移。

例　如图 4-10 所示，想象一下从画面 A 直接切换至画面 B 时，会感受到人物是"跳"过去的。

图 4-10　无景别变化导致的画面跳跃感

拍摄同一对象的两个相邻镜头，要使画面的视觉效果看起来合理、顺畅、不跳动，须遵守以下三条规则：

（1）机位相同时，景别必须有明显的变化，否则将产生画面主体的跳动。

（2）景别差别不大时，必须改变摄像机的机位。否则也会产生跳动，好像一个连续镜头从中间被截去了一段一样。

（3）同机位、同景别的画面不能直接相接。尤其是"全景＋全景""中景＋中景"，一定要避开。

例　正确拍摄同一个主体的景别变化，示例如图 4-11 所示。

图 4-11　景别变化示例

3. 拍摄方向要遵循轴线规律

轴线，是视频拍摄中一个基础又非常重要的概念，这条线制约了镜头的位置，影响着影片剪辑的流畅性和连贯性。值得注意的是，轴线并不是一条真实存在的线，而是指被摄对象的视线方向、运动方向和不同对象之间的关系所形成的一条虚拟的线。

（1）轴线类型

轴线按类型可划分为方向轴线、运动轴线和关系轴线，如图 4-12 所示。

① 方向轴线：指处于相对静止状态的人物视线方向与能看到的物体之间构成的轴线。

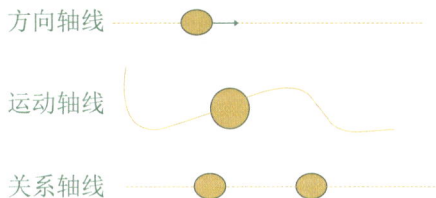

图 4-12　三种拍摄轴线

② 运动轴线：处于运动中的人或物体，其运动方向（轨迹）构成的主体的直线或曲线就是运动轴线。

③ 关系轴线：关系轴线是依据被摄对象之间的位置关系形成的一条假想的直线，这条直线的产生源于两个人之间的交流，与人物的视线无关，只与头部的相对位置有关。

（2）轴线规律

在同一场景中拍摄相连的镜头时，必须保持镜头位置在轴线的同一侧（180°），这就是轴线定律，也被称为 180° 法则。如图 4-13 所示。

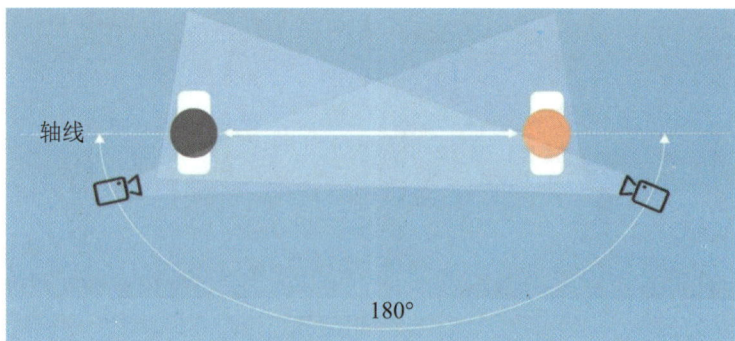

图 4-13　轴线定律

遵循轴线定律是为了保证拍摄对象视线方向、运动方向和空间位置形成一条直线，从而更好地交代镜头中的人物关系或空间关系，使观众更好地理解画面内容，也能保证在最大限度内给观众带来视觉上的舒适感。

如果违反这一规则，让镜头越过轴线，打破了轴线定律，即所谓的"越轴"镜头（如图 4-14 所示），会导致观众不清楚画面中人物的视线方向，混淆人物之间的位置关系或画面中的运动方向，从而引发观看的"不适感"。

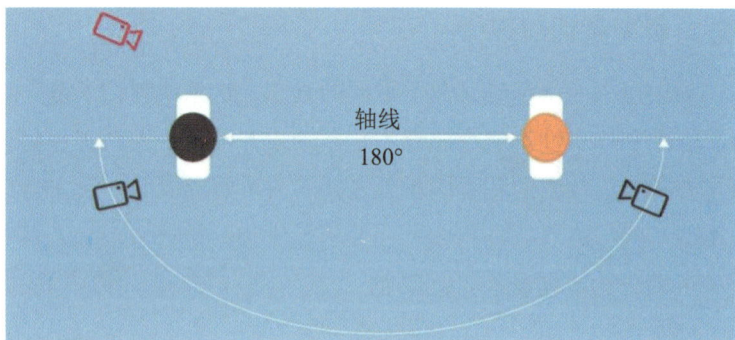

图 4-14　越轴现象

例　如图 4-15 所示，两人对话，却是朝着同一侧，就会让人感觉在朝着同一个方向在说话，这就是越轴镜头。

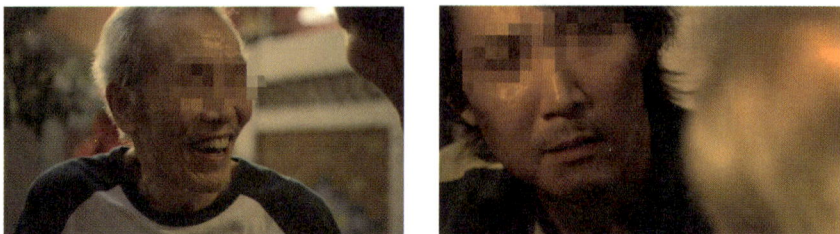

图 4-15　越轴镜头示例

专家指导

在某些特定情况下需要越轴时，如突出人物此刻的情绪、表现场景的混乱等，可以采用以下方式进行合理越轴：

（1）空镜头越轴：通过在越轴前一个镜头中插入环境空镜头，缓冲视线转移，调整镜头节奏，使越轴过渡更流畅自然。

（2）利用特写镜头越轴：在两个速度平稳、运动方向相反的镜头之间插入局部特写镜头，吸引观众视觉注意力，同时减弱画面空间感，减少相反方向运动镜头的冲突感。

（3）运动镜头越轴：在主体向相反方向运动的两个镜头之间插入越过180°轴线的运动镜头，改变镜头位置，建立新的轴线，使两个相反方向的镜头过渡自然。

（4）骑轴镜头越轴：在前后镜头之间插入位于轴线上的中性镜头，再进行越轴。这种骑轴镜头可以使画面左右方向变化变得模糊，减弱越轴的冲突感，使观众更容易接受下一个镜头方向的变化。

4. 遵循动静相接规律

"动接动、静接静"一直是镜头组接最基本的准则，其合理性来自观众的视觉心理。所谓的"动"与"静"，是指在剪辑点前后画面主体或摄像机是处于运动的还是静止的状态，也就是说动静指的是剪辑点的状态而不是镜头的状态。以这一原则进行镜头组接可保持视觉效果的流畅性。

（1）动接动：指前一个镜头的出点和后一个镜头的入点都是动的，可以是主体在动，也可以是镜头在动。

（2）静接静：指剪辑点前后的两个镜头都处于相对静止的状态。

（3）动静相接要过渡。动静相接有以下两种形式：

① 当"动接静"时，需要确保两个运动镜头的运动状态相对趋缓或接近。例如，只有在静止镜头具有运动趋势时，才可以与运动镜头进行组接。

② 当"静接动"时，只有在运动镜头的动态完全停止时，才可以去组接静止镜头，这样才不会有跳跃感。

在拍摄运动镜头时，务必记得拍摄起幅和落幅，这种做法可以为后期剪辑提供更多选择的余地，以获得更流畅的过渡效果。

三、拍摄实例解析

下面列举两个拍摄案例进行解析，帮助大家更好地理解短视频策划与拍摄技巧。

1. 旅游 Vlog 拍摄解析

请先扫描右侧二维码观看最终成片。

旅行 Vlog 拍摄案例
（创作者：见过珠峰的大馒头）

拍摄说明	镜头解析	台　词
展现目的地最有代表性的景观，引起观众兴趣	 画面：特色风光 运镜：跟随镜头 时长：5 秒	哇，是什么神仙地方
建议真人出境，增加视频的代入感	 画面：特色风光 运镜：移动镜头 时长：5 秒	日出
展示旅行中的特色风光，让观众了解视频的主要内容	 画面：特色风光 运镜：从远推近 时长：3 秒	奇山

拍摄说明	镜头解析	台　词
使用远景镜头拍摄自然景观	 画面：特色风光 运镜：从远推近 时长：3 秒	云海
	 画面：特色风光 运镜：从远推近 时长：3 秒	雾凇
	 画面：自拍介绍 运镜：固定镜头 时长：5 秒	我们现在在安徽黄山。都说"登黄山，天下无山"。冬天来黄山，这份两日游攻略请收好
根据游览顺序拍摄并介绍不同景点、住宿和当地气候等	 画面：上山途中 运镜：固定镜头 时长：4 秒	第一天从云谷索道上山

续表

拍摄说明	镜头解析	台　词
可以多介绍旅行中的体验和感受等	 画面：景点介绍 运镜：固定镜头 时长：5 秒	小学课本里面说的黄山奇石就在这里
	 画面：住宿地点 运镜：从远推近 时长：3 秒	晚上住白云宾馆
	 画面：看日出 运镜：跟随镜头 时长：3 秒	第二天一早到光明顶看日出
	 画面：特色风光 运镜：从远推近 时长：4 秒	下午，途经鳌鱼峰，百步云梯到玉屏楼看迎客松

续表

拍摄说明	镜头解析	台　词
对本次游玩做总结，结尾可以介绍一些旅行小建议	 画面：特色风光 运镜：从近拉远 时长：4 秒	黄山适合游玩 2 ～ 3 天
	 画面：游玩画面 运镜：固定镜头 时长：4 秒	山上风大温度低，一定要注意保暖！
	 画面：特色风光 运镜：从近拉远 时长：7 秒	听说过年来到这里还能吃年夜饭哦！

2. 宠物生活拍摄解析

请先扫描右侧二维码观看最终成片。

宠物生活拍摄案例
（创作者：暴走夫妻）

拍摄说明	镜头解析	台　词
介绍本期视频的主题，通过萌宠画面吸引观众兴趣	 画面：宠物特写 运镜：固定镜头 时长：8 秒	春天都来了，你俩还瘫在沙发上，走啦，我们去樱花园拍照
拍摄路上的风景、与宠物的互动画面	 画面：路上风景 -1 运镜：航拍 时长：5 秒	
	 画面：路上风景 -2 运镜：固定镜头 时长：6 秒	

拍摄说明	镜头解析	台　词
拍摄路上的风景、与宠物的互动画面	 画面：宠物镜头 -1 运镜：拉镜头 时长：8 秒	到目的地了，地上全是樱花，来正是时候，运气真好
	 画面：宠物镜头 -2 运镜：跟镜头 时长：10 秒	大馒头，你屁股都快扭飞起来了，走慢点，等等我呀
拍摄目的地风景，让观众对本次的目的地有大致了解	 画面：目的地风景 -1 运镜：升镜头 时长：7 秒	这棵樱花树好漂亮，我们去樱花树下坐坐
使用不同角度进行拍摄	 画面：目的地风景 -2 运镜：拉镜头 时长：5 秒	

拍摄说明	镜头解析	台　词
使用不同角度进行拍摄	 画面：目的地风景 -3 运镜：固定镜头 时长：5 秒	
拍摄萌宠游玩的画面，多拍摄特写镜头	 画面：宠物镜头 -1 运镜：固定镜头 时长：6 秒	你别吃了，我们去干大事了——拍照去
	 画面：宠物镜头 -2 运镜：固定镜头 时长：7 秒	先来一个，奥特曼飞向宇宙的动作，举起手来
	 画面：宠物镜头 -3 运镜：推镜头 时长：6 秒	笑一个，你倒是开心点呀

拍摄说明	镜头解析	台　词
配合拟人化解说，突出宠物性格	画面：宠物镜头-4 运镜：固定镜头 时长：10秒	大馒头，你也想举起来拍照？你都30斤啦，我可抱不动你
	画面：宠物镜头-5 运镜：固定镜头 时长：8秒	小媛媛，快看，我捡的这朵樱花真好看
游玩结束，拍摄回家的背影，使视频形成完整的叙事结构	画面：回家背影 运镜：固定镜头 时长：6秒	回家喽

课程实践

本项目的实践环节共有 1 个任务，请同学们参照配套实训书，完成任务。

任务排序	实训名称	主要工作内容
1	短视频拍摄策划练习	完成短视频拍摄主题、大纲的策划，并撰写短视频脚本

课后思考

回顾本项目内容，回答以下问题：

1. 什么是提纲式脚本？
2. 分镜头脚本的构成要素有哪些？
3. 策划拍摄主题时可以从哪些角度考虑？
4. 短视频镜头组接有哪些技巧？

延伸拓展

扫码阅读以下学习资源，拓展自己的知识和视野。

文章 1：短视频的"375"法则
文章 2：短视频选题四要素
文章 3：视脚本的撰写步骤

文章 1   文章 2   文章 3

思政园地

摆拍式慈善短视频需立即叫停！

思政元素：社会责任感、道德修养。

摆拍式慈善是指短视频创作者利用模拟场景、虚假情节或道具等编造所谓的"贫困者"故事，拍摄其"拮据的生活""不幸的遭遇"等不实内容，再"施以援手"给予金钱或物质上的帮助，以此打造博主的慈善人设。

摆拍式慈善虚构不实内容，易误导公众。摆拍式慈善短视频中的恶意虚构与实际情况严重不符，这类行为也是对网友的一种欺诈。相关博主拍摄此类视频，只为博取网友的同情心和爱心，并以此获利。假借慈善之名却行营销之实，在收到网友打赏或转账之后立即走人，最终博主牟得私利，而网友的爱心却落入他人囊中，一片善心遭遇窃取。

　　摆拍式慈善是对网络秩序的破坏，也是对社会公德的挑战。整治摆拍式慈善，需要整个社会合力。唯有如此，才能让假慈善为真爱心让路。

（资料来源：摆拍式慈善短视频需立即叫停［EB/OL］.（2023-04-25）［2024-11-29］.https://baijiahao.baidu.com/s?id=1764114061420961514&wfr=spider&for=pc）

思考与讨论

1. "摆拍式慈善"公益行为中存在哪些道德、法律问题？青少年应当树立怎样的慈善与公益观？

2. 青少年群体应当采取何种方式为社会公益建设贡献力量？

05

项目五　Premiere 界面功能分布

项目内容

本项目主要讲解 Premiere Pro 的工作界面、自定义工作区、菜单栏的功能等内容，是后续制作短视频作品的基础，也是正式踏入剪辑大门的第一步。

建议课时：4 课时

学习目标

知识目标	技能目标	思政素养目标
• 能辨认 Premiere 工作界面； • 能说明 Premiere 菜单栏的主要功能。	• 能独立安装 Premiere 软件； • 能使用 Premiere 新建项目。	• 养成独立探究的习惯； • 培养不畏艰难的工作态度； • 提升沟通交流的能力。

课程导图

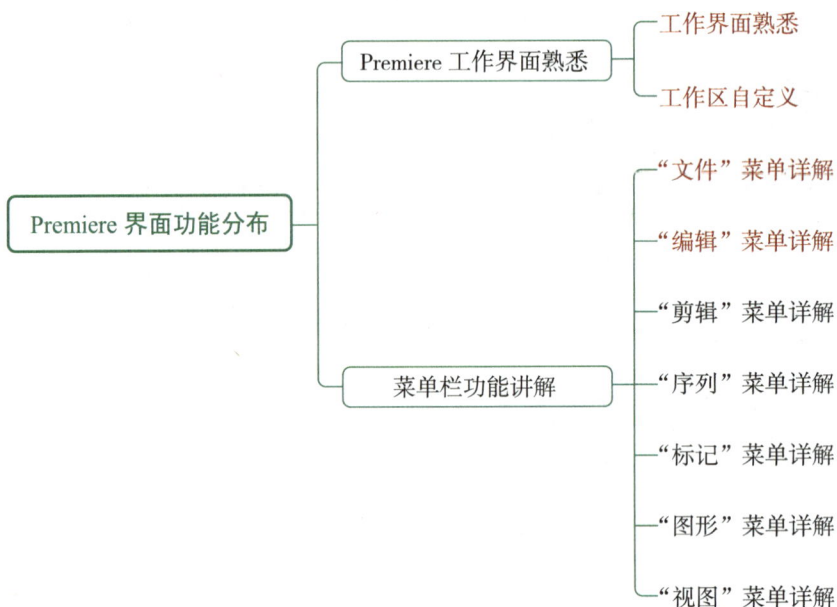

案例导入

为了宣传家乡文化，小万排除万难，终于搞定了拍摄，将家乡的山水、街巷、民俗文化都留在了镜头里，积累了大量的素材。但看着这些素材，小万却犯了难，因为他不知道怎么去剪辑视频，甚至该使用什么软件都不清楚。

小万上网查询后发现，Premiere 是使用非常广泛的专业视频剪辑软件，十分适合用来剪辑家乡宣传视频。小万迫不及待地下载安装了 Premiere。准备大展身手时，但看着复杂的操作界面，他又感到一阵头大。但小万不是遇到困难就放弃的人，不畏挑战、迎难而上才是他的特点。

于是，小万开始埋头苦学 Premiere 入门知识，从搞懂 Premiere 界面功能分布开始，一步步夯实基础。相信不久的将来，小万就能剪出一部非常棒的家乡文化宣传视频，为弘扬家乡文化做出贡献。

【思考】

认真思考以下问题，并带着疑问进入课堂寻找答案吧。

1.Premiere 的工作模式有哪几种？

2. 新建项目应该从 Premiere 的哪个菜单栏操作？

3. 在 Premiere 中，存放素材的窗口是哪个？

任务 1　Premiere 工作界面熟悉

Adobe Premiere Pro 软件是由 Adobe 公司推出的一款优秀的视频编辑软件，它可以帮助用户完成作品的视频剪辑、音频编辑、特效制作、视频输出等，且能与 Adobe 公司的其他软件相互协作，有较好的兼容性，被广泛应用于短视频、电视剧、广告、电影等制作领域。

Adobe Premiere Pro 软件的启动界面如图 5-1 所示。

图 5-1　Premiere 软件启动界面

熟悉工作界面是学习 Premiere 的首要操作，因此本任务主要从以下两个方面展开讲解：

➤ 工作界面熟悉
➤ 工作区自定义

一、工作界面熟悉

Premiere 的初始工作界面主要由菜单栏、时间轴、监视器、项目窗口、工具面板及多个控制面板组成，如图 5-2 所示。

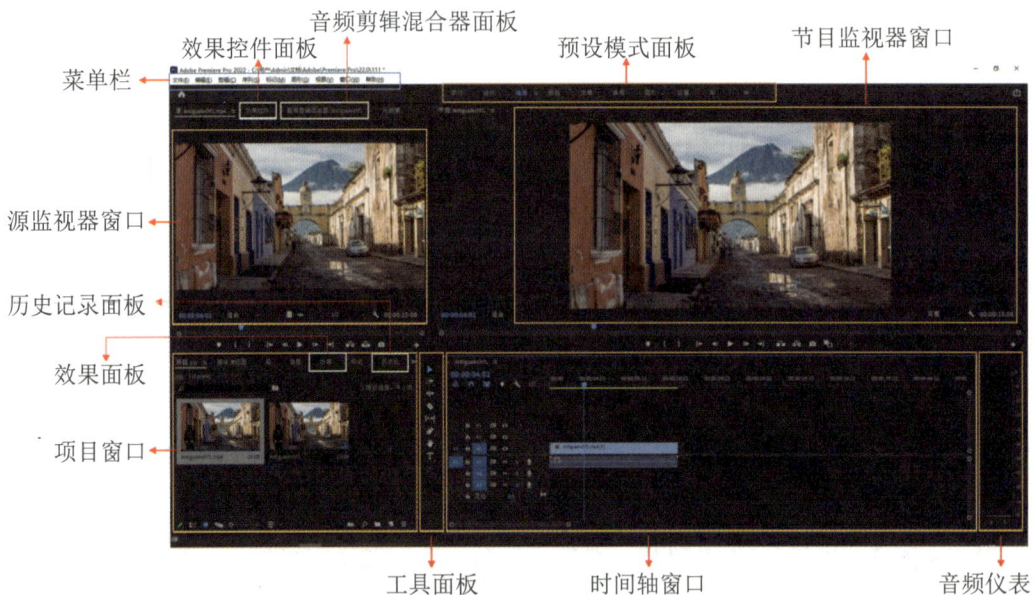

图 5-2　Premiere 工作界面

（1）菜单栏：按照程序功能分为多个菜单，包括"文件"、"编辑"、"剪辑"、"序列"、"标记"、"图形"、"视图"、"窗口"和"帮助"。

（2）项目窗口：用于素材的存放、导入及管理。

（3）源监视器窗口：预览素材文件，为素材设置出入点和标记等。

（4）节目监视器窗口：预览剪辑序列中的音视频画面。

（5）时间轴窗口：剪辑视频的主要工作区。

（6）效果控件面板：可在该面板中设置视频的效果参数。

（7）音频剪辑混合器面板：用于调节音频素材的左右声道及音量。

（8）效果面板：为视频、音频素材文件添加效果及过渡。

（9）工具面板：用来编辑视频轴上的音视频素材。

（10）音频仪表面板：显示音量大小。

（11）历史记录面板：显示最近对素材的操作步骤，点击可跳到对应步骤。

（12）预设模式面板：用于切换工作区域。

Premiere 包含多种预设工作模式面板，如图 5-3 所示。切换不同工作面板界面也会随之变化，但每种工作模式都是相通的，只是界面布局的侧重点不一致而已，目的是让用户方便进行特定的操作。初期学习时，建议选择"编辑"模式。

| 学习 | 组件 | 编辑 | 颜色 | 效果 | 音频 | 图形 | 字幕 | 库 | » |

图 5-3　工作模式面板

专家指导

当面板合并时，无法查看到所有面板的名称，此时右侧会显示一个合并箭头按钮。单击 » 按钮，就可以显示面板中的所有选项卡，如图 5-4 所示。

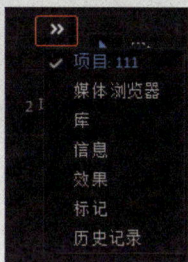

图 5-4　选项卡展开

二、工作区自定义

Premiere 提供了可自定义的工作区，用户可以根据自己的操作习惯对面板重新排列，从而提升工作效率。自定义工作区的操作主要有：调整工作区、保存工作区和还原工作区。

1. 调整工作区

（1）调整面板组的大小：将鼠标指针放在相邻面板组之间的隔条上，鼠标指针会变为 ，此时按住鼠标左键拖动光标，隔条两侧相邻的面板面积会增大或缩小，前后对比效果如图 5-5 所示。

图 5-5　调整面板组大小

（2）移动面板：按住鼠标左键即可将选中面板拖动到另一个区域，放置区的颜色会比其他区域更亮一些，如图 5-6 所示。放置区位于面板边缘，移动面板会停靠在所选面板附近；放置区位于面板内，移动面板会与所选面板堆叠。

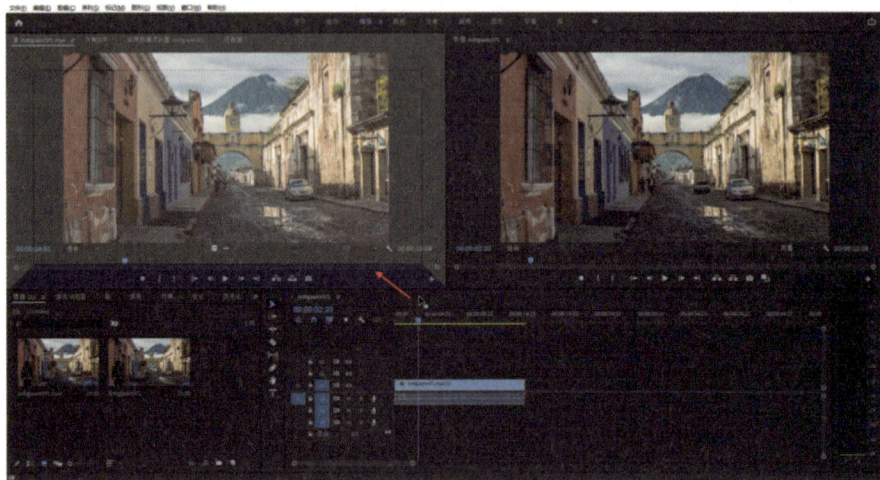

图 5-6　移动面板

（3）浮动面板：按住 Ctrl 键，并将面板从当前位置脱离，该面板会显示在新的浮动窗口中，成为一个独立的浮动面板，如图 5-7 所示。

图 5-7　浮动面板

2. 保存工作区

在工作区自定义完成后，界面会随之发生变化，为便于下次使用，可以对自定义工作区进行保存。在菜单栏中，执行"窗口—工作区—另存为新工作区"命令（如图 5-8 所示），弹出"新建工作区"对话框，输入名称，确认即可完成工作区保存。保存后的工作区在预设模式面板中显示。

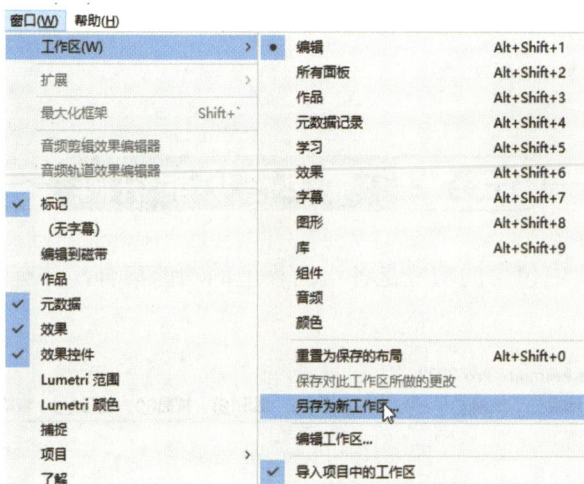

图 5-8　另存为新工作区

3. 还原工作区

如果不小心弄乱了界面布局，不知道该怎么还原，可以在菜单栏执行"窗口—工作区—重置为保存的布局"命令（如图 5-9 所示），即可将界面还原。

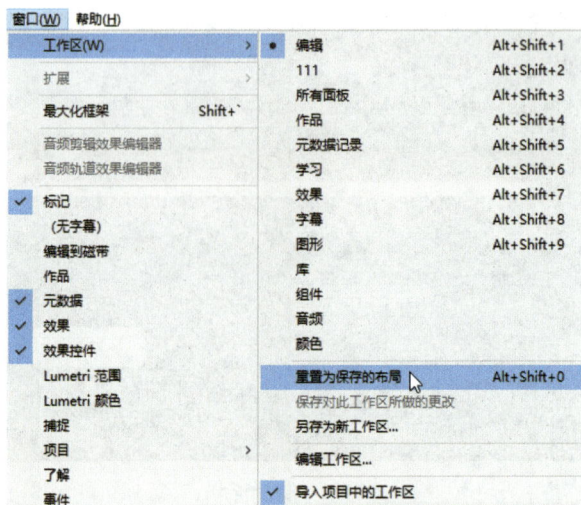

图 5-9　重置为保存的布局

专家指导

　　在任意面板顶部用鼠标左键双击，即可将当前面板全窗口显示，如在预览成片效果时，对节目监视器双击放大，观看效果更佳。

任务 2　菜单栏功能讲解

　　Premiere 菜单栏中包含的功能是各个面板上的功能集合，共有如图 5-10 所示 9 个命令组：

图 5-10　Premiere 菜单栏

　　"窗口"菜单用于打开或关闭各个窗口和浮动面板，"帮助"菜单提供 Premiere 的相关帮助信息，这两个菜单所含要点内容较少，本节不做介绍。本任务主要对菜单栏的以下七个命令组的常用操作进行讲解：

➤ "文件"菜单详解：新建、打开项目、存储、素材采集和渲染输出等操作命令。

➤ "编辑"菜单详解：对素材进行操作，如复制、清除、查找、编辑原始素材等。

➤ "剪辑"菜单详解：对素材进行重命名、嵌套、编组等。

➤ "序列"菜单详解：对序列进行设置、渲染等。

➤ "标记"菜单详解：对素材或时间轴做标记。

➤ "图形"菜单详解：新建图形、安装动态模板等。

➤ "视图"菜单详解：调节分辨率、参考线等。

一、"文件"菜单详解

"文件"菜单的功能展示如图 5-11 所示，常用功能包括新建、打开项目、保存、导入和导出、项目设置和项目管理等操作，下面对其常用操作进行介绍：

（1）新建：展开会出现如图 5-12 所示子菜单。在日常剪辑视频时，使用最多的命令主要有以下几个：

① 项目：创建一个项目文件，用于组织、管理项目中的素材。

② 序列：一组单独的编辑单元。项目可以包含多个序列，各序列的设置可以彼此不同。

③ 旧版标题：创建旧版标题字幕的命令。

④ Photoshop 文件：可与 Photoshop 协同工作的 PSD 工程文件。

新建(N)	›
打开项目(O)...	Ctrl+O
打开作品(P)...	
打开最近使用的内容(E)	›
关闭(C)	Ctrl+W
关闭项目(P)	Ctrl+Shift+W
关闭作品	
关闭所有项目	
关闭所有其他项目	
刷新所有项目	
保存(S)	Ctrl+S
另存为(A)...	Ctrl+Shift+S
保存副本(Y)...	Ctrl+Alt+S
全部保存	
还原(R)	
捕捉(T)...	F5
批量捕捉(B)...	F6
链接媒体(L)...	
设为脱机(O)...	
Adobe Dynamic Link(K)	›
从媒体浏览器导入(M)	Ctrl+Alt+I
导入(I)...	Ctrl+I
导入最近使用的文件(F)	›
导出(E)	›
获取属性(G)	›
项目设置(P)	›
作品设置(T)	›
项目管理(M)...	
退出(X)	Ctrl+Q

图 5-11　"文件"菜单

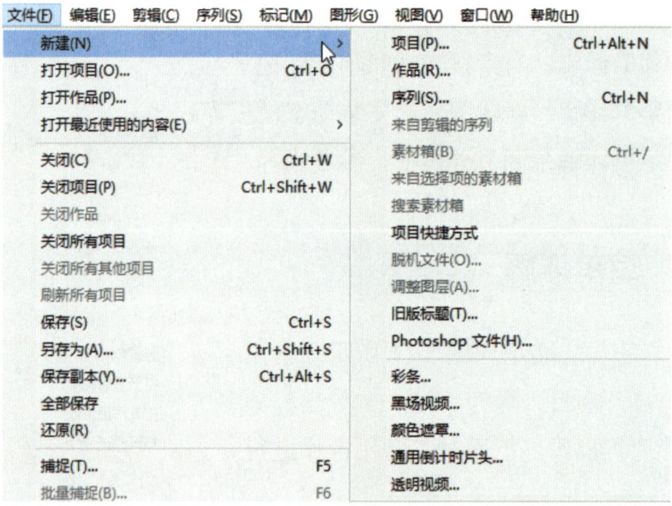

图 5-12 "新建"菜单

（2）打开项目：打开已经保存的项目。

（3）打开最近使用的内容：打开其子菜单下列出的 Premiere 最近几次保存过的工程文件。

（4）保存：对当前工程文件所做的修改操作进行保存。

（5）另存为：将当前工程文件另行保存并重新命名。

（6）链接媒体：帮助用户查找并重新链接丢失的脱机文件。

（7）从媒体浏览器导入：从媒体浏览器窗口中导入素材。

（8）导入：导入外部各种格式的素材文件。

（9）导入最近使用的文件：导入最近编辑处理过的素材文件。

（10）导出：将编辑完成的项目文件进行渲染，输出为某种格式的成片文件，如图 5-13 所示。

① 媒体：音频或视频等根据对话框中的设置将其导入磁盘中。

② 动态图形模板：可以导出动态图形模板。

③ 字幕：从项目面板中导出字幕。

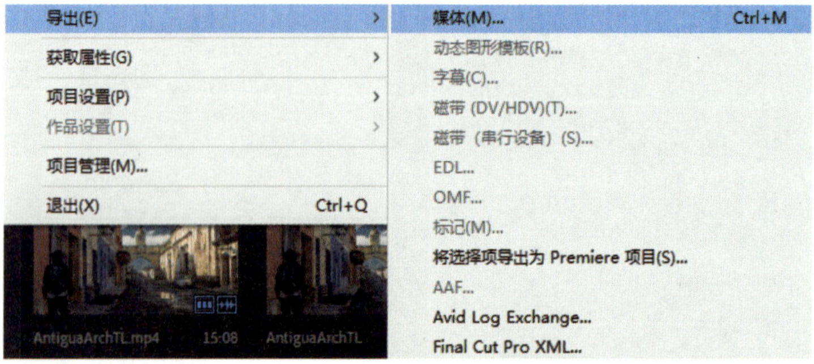

图 5-13 "导出"菜单

（11）项目设置：一些项目的基本设置，如图 5-14 所示。

① 常规：项目的一些常规设置，包括渲染程序、显示格式等。

② 暂存盘：文件保存路径。

③ 收录设置：与 Adobe Media Encoder 协作并收录的设置。

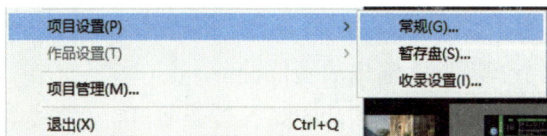

图 5-14　项目设置

（12）项目管理：用来收集项目文件并转移到新位置。

二、"编辑"菜单详解

"编辑"菜单主要针对项目窗口中选择的素材文件和时间轴窗口中选择的素材执行对应操作，其子菜单如图 5-15 所示。下面对其常用操作进行介绍：

（1）撤消：后退一步。

（2）重做：前进一步。

（3）剪切：将选定内容进行剪切，配合"粘贴"使用。

（4）复制：将选定内容进行复制，配合"粘贴"使用。

（5）粘贴：将剪切或复制的内容粘贴到项目或时间轴面板中。

（6）删除属性：将一个素材上的属性参数删除。

（7）选择所有匹配项：选择所有匹配剪辑。

（8）移除未使用资源：可以从项目中移除未在时间轴中使用的资源。

（9）在 Audition 中编辑：在 Audition 音频软件中编辑项目或时间轴上的音频素材，两者进行协作，从 Audition 中编辑的音频将直接作用到 Premiere 中。

图 5-15　"编辑"菜单

（10）在 Photoshop 中编辑：在 Photoshop 图片处理软件中编辑项目面板或时间轴上的图片素材，两者进行协作，从 Photoshop 中编辑的图片将直接作用到 Premiere 中。

（11）快捷键：为各个命令设置不同的快捷键。

（12）首选项：可以根据自己需要进行属性设置，如图 5-16 所示。

① 音频：可以设置关于音频自动匹配时间和声道等参数。

② 音频硬件：调节音频输入输出的硬件设备。

③ 自动保存：设置自动保存时间的间隔、最大项目版本等参数。

④ 媒体缓存：设置媒体缓存文件的保存位置和数据库。

⑤ 内存：设置优化渲染及为其他应用程序保留内存。

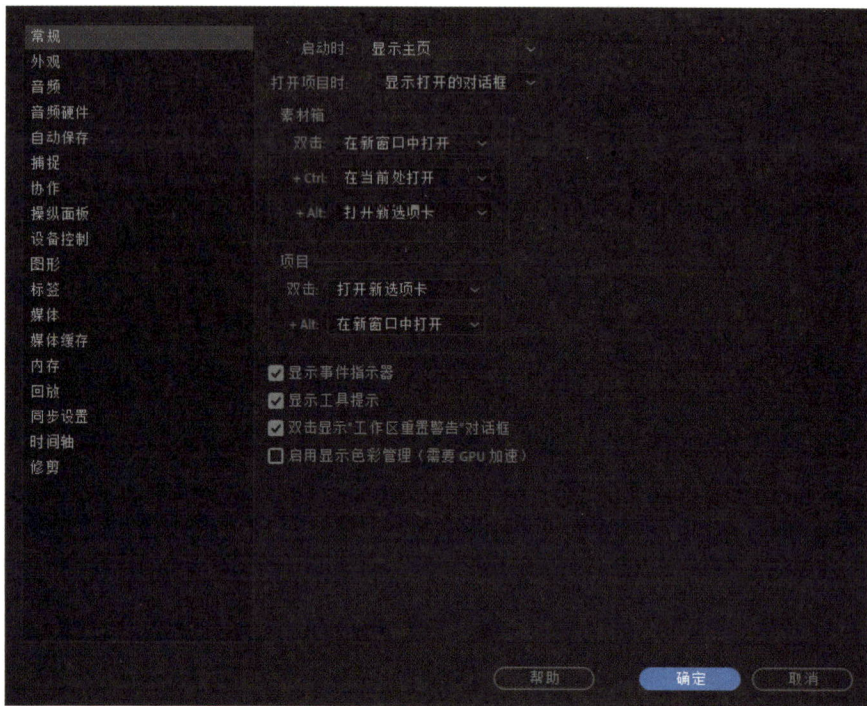

图 5-16 "首选项"设置

专家指导

（1）若电脑插入了耳机，而 Premiere 没有声音发出，打开"编辑—首选项—音频硬件"，调节默认输出的设备即可解决。

（2）当电脑卡顿时，打开"编辑—首选项—媒体缓存"，删除媒体缓存文件，可有效缓解电脑卡顿情况。

（3）若 Premiere 经常崩溃丢失操作，打开"编辑—首选项—自动保存"，将自动保存时间间隔修改为 5 分钟，系统就会每 5 分钟备份一个版本，这样即使 Premiere 崩溃，也不至于丢失全部操作。

三、"剪辑"菜单详解

"剪辑"菜单主要用来对素材的各项属性进行修改，其子菜单如图 5-17 所示。下面对其常用操作进行介绍：

（1）重命名：重新设置选定素材的名称。

（2）制作子剪辑：根据在源监视器中编辑的素材创建附加素材。

（3）编辑脱机：对脱机素材进行注释编辑。

（4）自动匹配序列：选择该命令，时间轴会自动匹配素材。

（5）链接：同时选择视频和音频素材，可以将两个素材链接到一起。若是已经链接的素材，执行此选项，可将视频与音频素材分开。

（6）编组：选择时间轴中两个或两个以上数量的素材，然后应用该命令，则会将这些被选择的素材变为一组，可以进行整体移动和拖动素材长度等操作。

（7）取消编组：将已经变为一组的素材文件进行分离出组。

（8）合并剪辑：该命令允许用户将最多 16 条轨道的素材合并在一起，这些轨道可以包括视频轨道、音频轨道等，Premiere 会将这些轨道上的素材进行整合，最终生成一个单独的视频文件。

（9）嵌套：选定时间轴上的素材，使用嵌套可以将其打包为一个新的序列。

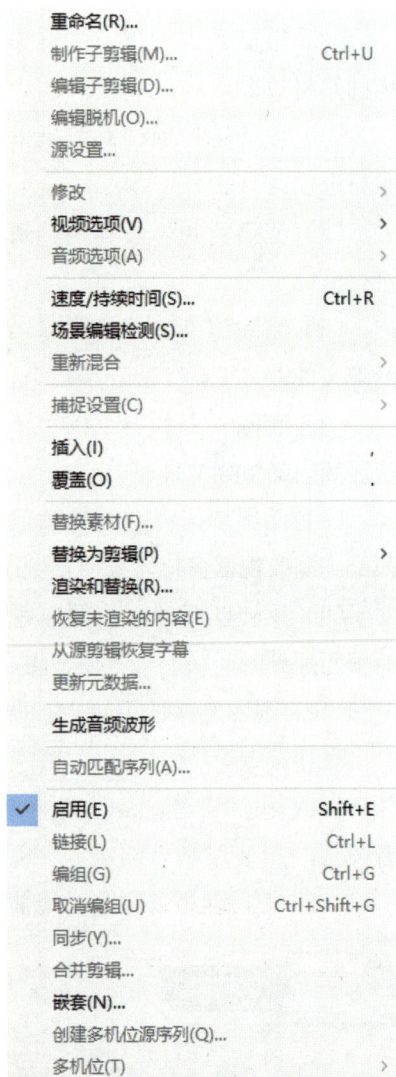

图 5-17　"剪辑"菜单

四、序列菜单详解

"序列"菜单主要用于对时间轴进行相关操作，其子菜单如图 5-18 所示。下面对其常用操作进行介绍：

（1）序列设置：调整当前序列的参数。

（2）渲染入点到出点的效果：预览选定工作区域内素材视频。

（3）渲染入点到出点：渲染选定工作区域内的素材效果。

（4）渲染选择项：只渲染播放指针所在的素材选项。

（5）渲染音频：对音频轨道上的声音素材进行渲染。

（6）删除渲染文件：删除当前工程文件的渲染文件。

（7）删除入点到出点的渲染文件：删除选定区域内的渲染文件。

（8）匹配帧：将时间轴播放指针所在的帧匹配到源监视器窗口，方便预览。

（9）反转匹配帧：将源监视器窗口中所在的帧匹配到时间轴上，方便剪辑。

（10）显示连接的编辑点：两段素材拼合时会出现连接点。

（11）添加轨道：在时间轴中增加视频轨或音频轨。

序列设置(Q)...	
渲染入点到出点的效果	Enter
渲染入点到出点	
渲染选择项(R)	
渲染音频(R)	
删除渲染文件(D)	
删除入点到出点的渲染文件	
匹配帧(M)	F
反转匹配帧(F)	Shift+R
添加编辑(A)	Ctrl+K
添加编辑到所有轨道(A)	Ctrl+Shift+K
修剪编辑(T)	Shift+T
将所选编辑点扩展到播放指示器(X)	E
应用视频过渡(V)	Ctrl+D
应用音频过渡(A)	Ctrl+Shift+D
应用默认过渡到选择项(Y)	Shift+D
提升(L)	;
提取(E)	'
放大(I)	=
缩小(O)	-
封闭间隙(C)	
转到间隔(G)	>
✓ 在时间轴中对齐(S)	S
✓ 链接选择项(L)	
✓ 选择跟随播放指示器(P)	
显示连接的编辑点(U)	
标准化混合轨道(N)...	
制作子序列(M)	Shift+U
自动重构序列(A)...	
转录序列...	
简化序列...	
添加轨道(T)...	
删除轨道(K)...	
字幕	>

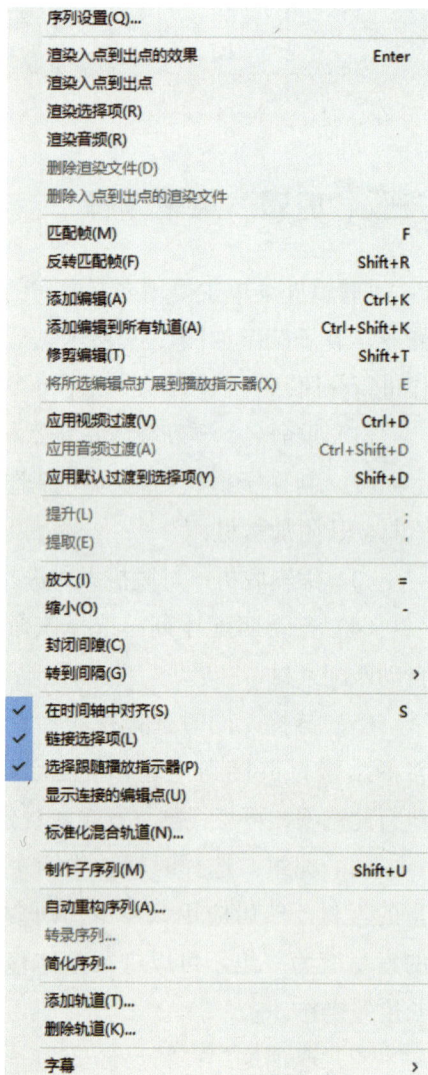

图 5-18 "序列"菜单

（12）删除轨道：删除时间轴中的视频轨或音频轨。

专家指导

在剪辑过程中出现视频层数过多的情况，有两种方法可以解决：一是添加轨道，二是设置嵌套。

五、标记菜单详解

"标记"菜单主要用于对素材和时间轴进行标记，更快速地找到要剪辑的点，提升剪辑效率，其子菜单如图 5-19 所示。

（1）标记入点：即标记工作区域开始的地方，如图 5-20 所示。

（2）标记出点：即标记工作区域结束的地方，如图 5-20 所示。

（3）标记剪辑：标记出剪辑的部分。

（4）标记选择项：对时间轴上选择的视频素材进行出入点标记。

（5）标记拆分：会标记分割的区域。

（6）转到入 / 出点：自动跳转到标记开始 / 结束的位置。

（7）清除入 / 出点：将标记的入 / 出点记录清除。

（8）清除入点和出点：将所有的标记都清除。

（9）添加标记：该选项用来添加标记。

（10）转到上 / 下一标记：跳转到上 / 下一个标记的位置。

标记入点(M)	I
标记出点(M)	O
标记剪辑(C)	X
标记选择项(S)	/
标记拆分(P)	>
转到入点(G)	Shift+I
转到出点(G)	Shift+O
转到拆分(O)	>
清除入点(L)	Ctrl+Shift+I
清除出点(L)	Ctrl+Shift+O
清除入点和出点(N)	Ctrl+Shift+X
添加标记	M
转到下一个标记(N)	Shift+M
转到上一个标记(P)	Ctrl+Shift+M
清除所选标记(K)	Ctrl+Alt+M
清除标记	Ctrl+Alt+Shift+M
显示所有标记	
编辑标记(I)...	
添加章节标记...	
添加 Flash 提示标记(F)...	
✓ 波纹序列标记	
复制粘贴包括序列标记	

图 5-19　"标记"菜单

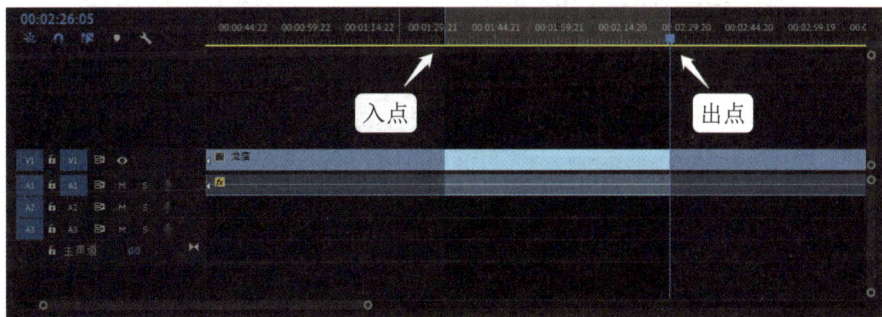

（11）清除所选标记：清除当前选择位置的标记。

（12）清除所有标记：清除在时间轴上存在的所有标记。

（13）编辑标记：用来修改标记，并设置标记名称和位置等。

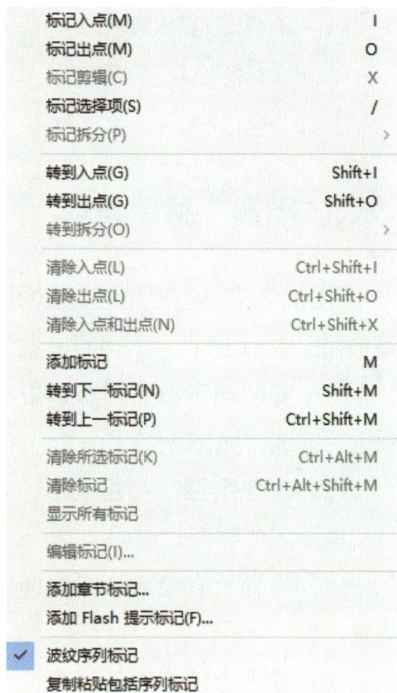

图 5-20　标记菜单

专家指导

编辑较复杂的视频时，渲染或预览视频很耗时间，那么我们可以利用出入点（I 和 O），将特定区域选中，进行针对性渲染。

六、"图形"菜单详解

"图形"菜单主要用于新建图形、安装图形模板等，其子菜单如图 5-21 所示。下面对其常用操作进行介绍：

（1）安装动态图形模板：下载对应 .mogrt 格式的图形模板进行安装，如图 5-22 所示。

（2）新建图层：新建文本、直排文本、椭圆、矩形、来自文件等图层类型。

（3）重置所有参数：对时间轴上调整过的图形参数进行重置。

（4）导出为动态图形模板：可将做好的图形导出为动态图形模板。

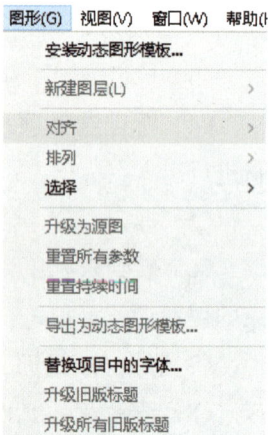

图 5-21　"图形"菜单

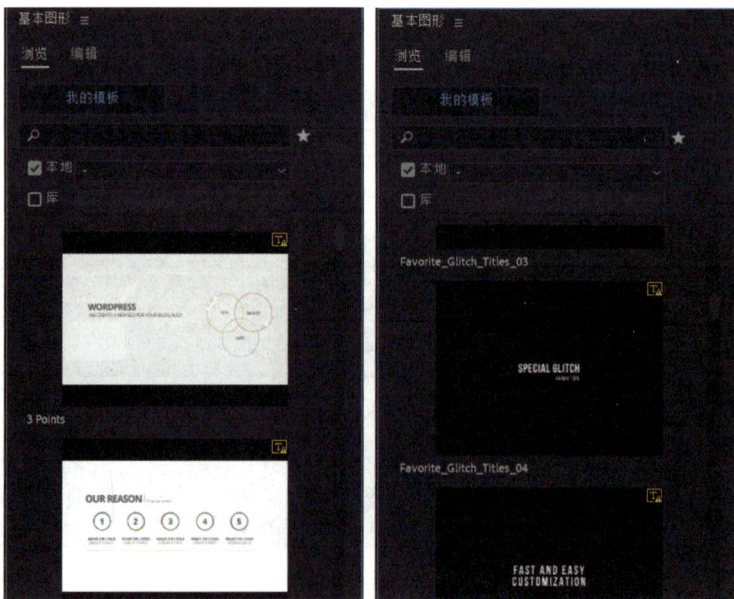

图 5-22　图形模板

七、"视图"菜单详解

"视图"菜单主要用于对节目监视器的分辨率、参考线等进行调节,其子菜单如图 5-23 所示。下面对其常用操作进行介绍:

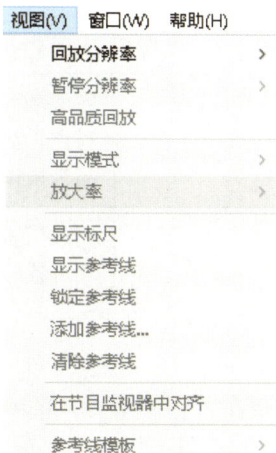

图 5-23 "视图"菜单

（1）回放 / 暂停分辨率：用于调节节目监视器上预览画面的分辨率，分辨率越低，播放流畅度越高、品质越差。

（2）显示标尺：显示节目监视器上的标尺，如图 5-24 所示。

（3）显示 / 锁定 / 添加 / 清除参考线：对节目监视器上的参考线进行对应的操作，如图 5-24 所示。

图 5-24 标尺与参考线

课程实践

本项目的实践环节共有 3 个任务，请同学们参照配套实训书，完成任务。

任务序号	实训名称	主要工作内容
1	安装 Premiere	完成 Premiere 软件的安装
2	项目基础操作练习	完成项目设置、序列设置、素材导入、素材添加到序列、保存与管理项目、输出作品等操作练习
3	工程文件操作练习	完成工程文件查找、工程文件找回、首选项设置等操作

课后思考

回顾本项目内容，回答以下问题：

1. 标记入点和出点代表的意思是什么？

2. Premiere 的菜单栏都包含哪些命令组？各命令组的常用操作是什么？

3. 如果不小心弄乱了 Premiere 面板，应该怎么还原？

延伸拓展

扫码阅读以下学习资源，拓展自己的知识和视野。

文章 1：轻松学会用 Premiere 创建项目

文章 2：3 分钟初识 Premiere 界面

文章 3：视频剪辑的完整工作流程

文章 1　　　　　文章 2　　　　　文章 3

思政园地

AIGC 迈入规模化应用期，视频生成红利加速显现

思政元素：技术改进、创新意识。

2024 年，科技界迎来历史性时刻，在国外，OpenAI 正式推出了视频生成大模型 Sora；在国内，快手率先推出了自主研发的视频生成大模型"可灵"。这一创新标志着 AI（人工智能）技术从文本生成迈向视频生成的新阶段，也将"视频生成"从实验室概念转变为能够模拟现实世界的强大工具，预示着 AIGC（人工智能生成内容）领域将加速迎来红利期。

在数字化浪潮的推动下，信息的传递与接收渠道变得前所未有的多样化。视频凭借其独特的多维信息展现能力、丰富的画面表现以及生动的动态特性，已跃升为信息传播领域的核心力量。与单纯的文字描述和静态图像相比，视频能够无缝集成文本叙述、直观图像、生动声音及精细的视觉效果，于一帧帧画面中交织出多层次的信息网络，为观众带来深度体验与沉浸式享受。这种融合多种感官刺激的表达方式，极大地增强了信息传递的效果与感染力。

（资料来源：AIGC 迈入规模化应用期，视频生成红利加速显现 [EB/OL].（2024-10-15)[2024-11-29].https://baijiahao.baidu.com/s?id=1812949124586773301&wfr=spider&for=pc）

思考与讨论

1. 以上案例说明了什么？
2. 除了 AIGC 技术，还有什么有助于新媒体运营发展的新技术？

06

项目六　Premiere 窗口面板介绍

项目内容

　　本项目是学习视频剪辑的基础章节，是正式进行剪辑工作的前置基础。本项目主要讲解 Premiere 各窗口和面板的功能，以及对常用操作进行实训练习，提升基础操作熟练度。

建议课时：4 课时

学习目标

知识目标	技能目标	思政素养目标
• 能概述 Premiere 工作窗口功能； • 能说明 Premiere 基础面板的主要功能。	• 能独立完成素材及面板基础操作的练习。	• 强化独立探究的意识； • 具备求真务实的职业素养； • 掌握职业前沿知识。

课程导图

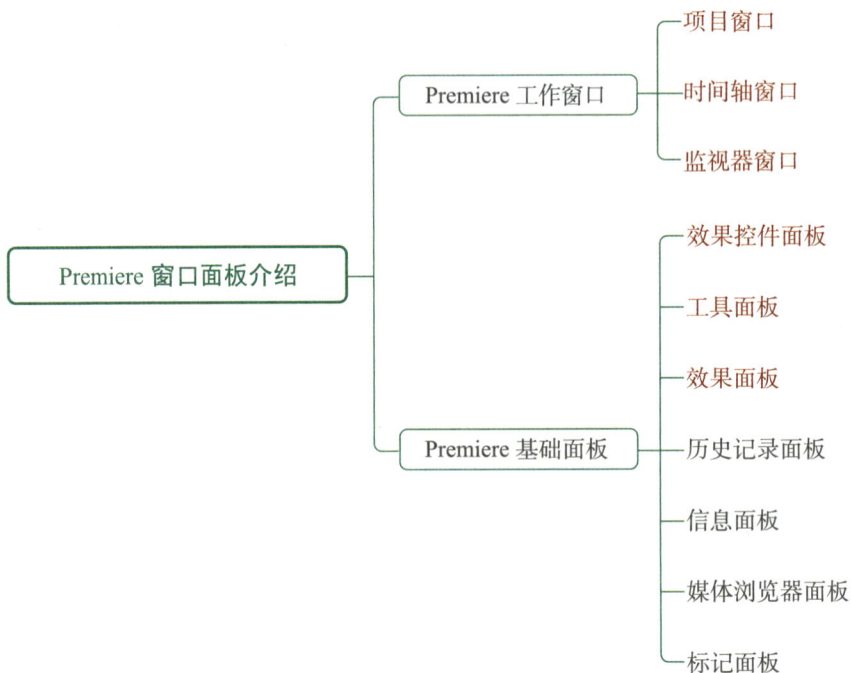

Premiere 窗口面板介绍

- Premiere 工作窗口
  - 项目窗口
  - 时间轴窗口
  - 监视器窗口
- Premiere 基础面板
  - 效果控件面板
  - 工具面板
  - 效果面板
  - 历史记录面板
  - 信息面板
  - 媒体浏览器面板
  - 标记面板

案例导入

小万自从学习 Premiere 以来，对此产生了浓厚的学习兴趣，一心钻研剪辑操作，现在的他已经掌握了 Premiere 的入门知识。但在学习新内容时，小万发现 Premiere 的窗口和面板功能实在是太多了，根本记不住，还很容易搞混淆，这种情况严重影响了他的学习进度。

于是小万便上网查询解决方法，经过一番信息搜集后发现，学习 Premiere 窗口面板不能靠死记硬背，而是要多操作练习。因为很多功能没必要强行记住它的概念，只要知道它的用途，在实践中自然而然就能掌握它的概念了。

知道了解决方案，小万便开始了大量的操作练习，在操作过程中再对照面板功能概念，相互印证，学习效率果然得到了极大的提升。这也让小万离剪辑家乡文化宣传视频，弘扬家乡文化的目标更近了一步。

【思考】

认真思考以下问题，并带着疑问进入课堂寻找答案吧。

1. Premiere 工具面板中用来分割视频的工具是哪个？

2. 时间轴上都有哪些轨道？更改时间轴缩进级别的快捷操作是什么？

3. 如果出现了操作失误，要返回前几步操作，应该怎么做呢？

任务 1　Premiere 工作窗口

Premiere 的工作窗口是素材进行处理及展示的区域，包括项目窗口、时间轴窗口和监视器窗口，这三个窗口也分别对应三个工作场景：素材管理、素材编辑和成果展示。

熟悉并贯通运用这三个工作窗口的功能，才能在后续的视频制作中更加得心应手，从而创作出优质的视频。本任务主要对以下三个方面进行详细的讲解：

➤ 项目窗口

➤ 时间轴窗口

➤ 监视器窗口

一、项目窗口

项目窗口用于显示、存放导入的素材文件和序列，其功能主要划分为两块——文件显示区和右键快捷菜单，如图 6-1 所示。

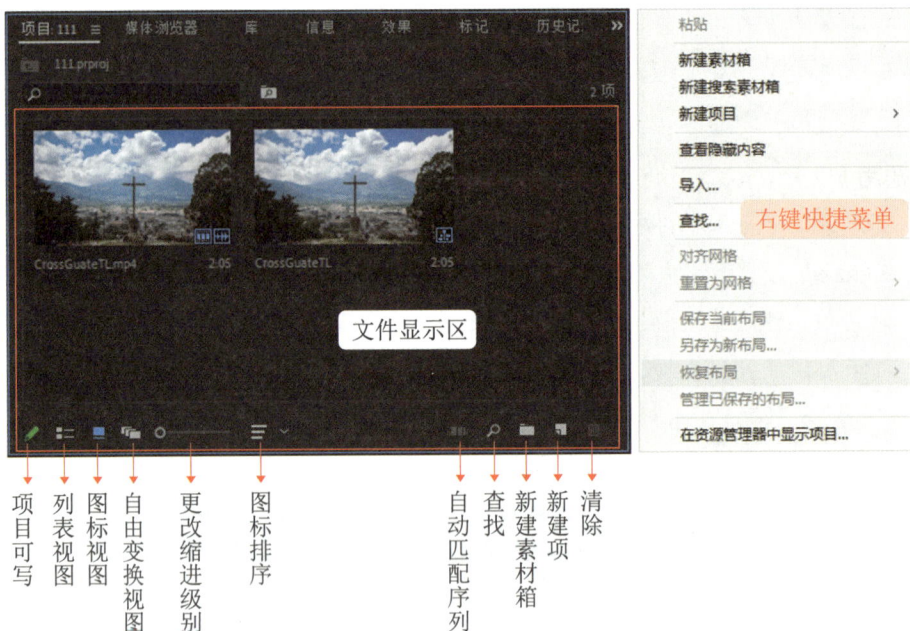

图 6-1　Premiere 项目窗口

1. 文件显示区

文件显示区用于存放素材文件和序列，在最下方有一排工具栏，可以对项目窗口中的素材进行显示调节及整理。

（1）项目可写：在只读与读/写之间切换项目。

（2）列表视图：开启后，让素材按照列表的形式显示，如图 6-2 所示。

图 6-2　列表视图

（3）图标视图：让素材以图标的形式显示，如图 6-3 所示。

图 6-3　图标视图

（4）　 自由变换视图：开启后，让素材任意排列显示，如图 6-4 所示。

图 6-4　自由变换视图

（5）　 更改缩进级别：调节素材图标和缩略图的显示大小。

（6）　 图标排序：设置素材排序的方式。

（7）　 自动匹配序列：可将文件存放区中选择的素材按顺序自动排列到时间轴中，相当于一次性添加多个素材到时间轴。

（8）　 查找：可以按照条件查询所需的素材文件。

（9）　 新建素材箱：可在文件存放区中新建一个文件夹，将素材文件移至文件夹中，方便素材的整理。

（10）　 新建项：可在弹出的菜单中选择新建序列、脱机文件、调整图层和字幕等，如图 6-5 所示。

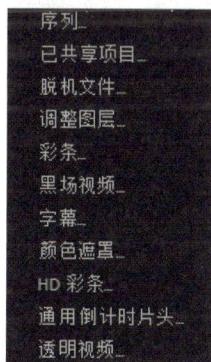

图 6-5　新建项

（11）　 清除：删除选中的素材。

2．右键快捷菜单

在素材显示区的空白处右击，会弹出快捷菜单。

菜单内大部分功能与素材显示区的工具作用相同，如新建素材箱、新建项目、查找等。右键快捷菜单中比较重要的两个功能为：

（1）导入。将本地素材导入至素材显示区。

（2）在资源管理器中显示项目。可定位到本项目的工程文件存放位置。

二、时间轴窗口

时间轴是 Premiere 的主要工作区域，很多工作都在这里完成，包括编辑视频、音频文件，为文件添加字幕、效果、过渡等，如图 6-6 所示。每个序列都有自己的时间轴，时间轴的长度表示序列所持续的时间。

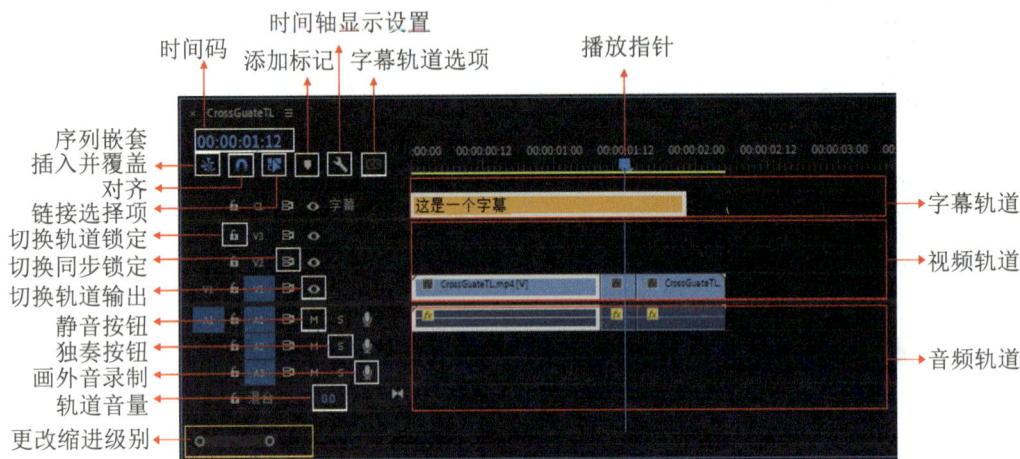

图 6-6　时间轴窗口

1．时间轴功能按钮

（1）　`00:00:02:12`　时间码：（时：分：秒：帧）表示的是当前时间，也就是指针所在位置的时间值。

（2）　播放指针：左右移动指针，可以在节目监视器看到当前素材画面。

（3）　视频轨道：可以将视频、图片、序列、PSD 等素材放置到视频轨上。

（4）　音频轨道：可以将音频素材放置到音频轨道上。

（5）　字幕轨道：显示字幕的轨道。

（6）　切换轨道锁定：点击锁定后，对应轨道将无法编辑。

（7）　切换同步锁定：可限制在修剪期间的轨道转移。

（8）　切换轨道输出：单击此按钮，即可隐藏该轨道中的素材文件，在节目监视器中将不再显示该轨道的内容。

（9）　更改缩进级别：改变时间轴的长度。

（10）　静音轨道：开启后，会将当前音频轨道静音。

（11）　独奏轨道：开启后，只播放当前音频轨道声音。

（12）　画外音录制：单击此按钮可进行录音操作。

（13）　轨道音量：数值越大，轨道音量越高。

时间轴窗口的左上角区域有一排按钮，即时间轴工具。这些工具不常用，在此先做一般性的了解，详细用法在实践中再逐步学习：

（1）　插入并覆盖：嵌套序列拖入时间轴会以嵌套显示。

（2）　对齐：相邻素材靠近时会有对齐提示，常开即可。

（3）　链接选择项：将选中素材进行链接，不常用。

（4）　添加标记：在时间轴上添加标记。

（5）　时间轴显示设置：自定义时间轴的显示设置。

（6）　字幕轨道选项：控制字幕轨道的显示和隐藏。

专家指导

在时间轴区域，按住 Alt 键的同时滚动鼠标滚轮，可以调节时间轴的缩进级别，即拉长或缩短时间轴的长度范围。

2. 时间轴基础操作

在时间轴上进行操作，除了对素材进行编辑外，它的面板基础操作也要掌握。下面梳理几个常用操作：

（1）添加 / 删除轨道：当素材层数过多轨道不够用时，可在轨道区域右击并选择"添加单个轨道"（如图 6-7 所示）。删除轨道同理。

（2）定位时间轴位置：在做精细剪辑时，需要准确定位到素材帧位置，可以单击"时

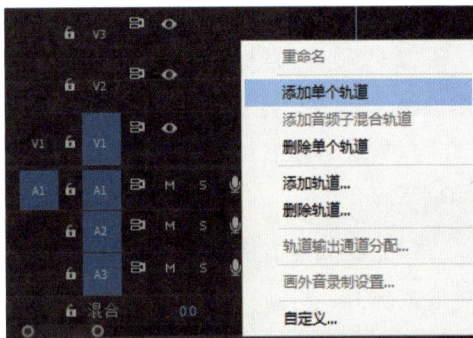

图 6-7　添加 / 删除轨道

间码"更改时间值，更改后指针会直接跳转到相应的时间点。

（3）按 Shift 和上 / 下方向键，指针自动跳转到时间轴上的编辑点。

（4）按 Shift 和左 / 右方向键，一次性移动 5 帧。

（5）按住 Shift 键，在轨道空白处滚动鼠标滚轮可以放大或缩小所有轨道的高度。按住 Alt 键，相同操作可以放大或缩小当前轨道的高度。

（6）选中素材文件，按住"Ctrl+L"，可以将视频、音频分离；选中分离的视频、音频文件，按住"Ctrl+L"，可以将视频、音频链接。

三、监视器窗口

监视器窗口相当于 Premiere 的眼睛，是进行视频编辑时预览和反馈的重要窗口；监视器分为源监视器与节目监视器，如图 6-8 所示。

图 6-8　监视器窗口

1. 源监视器与节目监视器的区别

源监视器用于查看和编辑素材，管理的是单个待编辑的源素材。节目监视器负责预览编辑后的效果，管理的是整个序列。具体区别如下：

（1）源监视器查看的是单一素材的原始内容（未经过处理的内容）；节目监视器则可查看当前序列的全部内容（处理后的内容）。

（2）源监视器标记的是源素材的入点、出点；节目监视器标记的是序列中的入点、出点。

（3）源监视器与节目监视器虽然都有时间标尺，但前者指向源素材时间，后者与时间轴关联。

（4）源监视器使用插入或覆盖，将剪辑或剪辑的片段插入序列；节目监视器则使用提取或提升，将剪辑或剪辑的片段在序列中删除。

2. 监视器的布局

源监视器和节目监视器的布局相同，两者都分为预览区和功能区，如图 6-9 所示。

（1）预览区是查看素材画面的区域。

（2）功能区是监视器画面调节的功能按钮分布区域。

图 6-9　监视器布局

3. 监视器的功能按钮

源监视器和节目监视器两者虽然针对的素材对象不同，但功能按钮的用途大体是相同的，如图 6-10 所示。

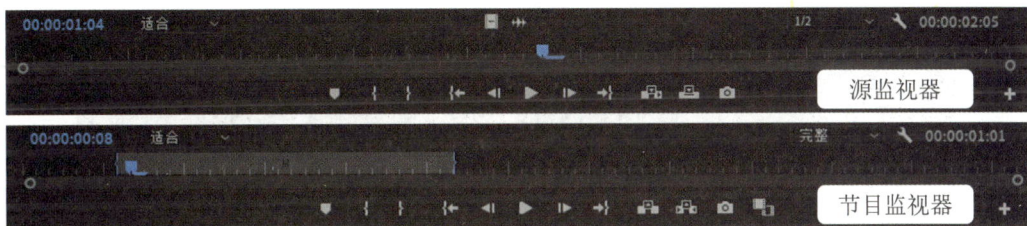

图 6-10　监视器功能按钮

（1）`00:00:02:04` 时间码：显示指针所在的时间。

（2）`适合` 选择缩放级别：用于设置监视器中画面放大、缩小的比例。

（3）`完整` 选择回放分辨率：用于设置在监视器中播放视频的分辨率。分辨率数值越高，视频越清晰。这里的分辨率并不影响最后导出的视频分辨率，只影响当前预览画面的分辨率。分辨率对比如图 6-11 所示。

图 6-11　完整分辨率（左）与 1/6 分辨率（右）对比

（4）■ 添加标记：在序列或者时间轴上添加标记。

（5）■ ■ 入点和出点：在当前指针位置设置入/出点。

（6）■ ■ 转到入/出点：单击该按钮，播放指针将跳转到素材入/出点。

（7）■ ■ 前进/后退一帧：单击该按钮，播放指针跳转到上/下一帧位置。

（8）■ 播放/暂停：播放/暂停素材。

（9）■ 导出帧：单击该按钮，输出当前所在帧的画面效果。

（10）■ 按钮编辑器：可以调整按钮布局，根据需要添加或删减按钮。

源监视器独有的功能按钮如下：

（1）■ 插入：单击该按钮，将正在编辑的素材插入当前的播放指标位置。

（2）■ 覆盖：单击该按钮，将正在编辑的素材覆盖当前的播放指标位置。

节目监视器独有的功能按钮如下：

（1）■ 提取：在激活当前轨道的情况下，删除入点至出点的片段并将余下片段前移，不会留下空隙，如图 6-12 所示。

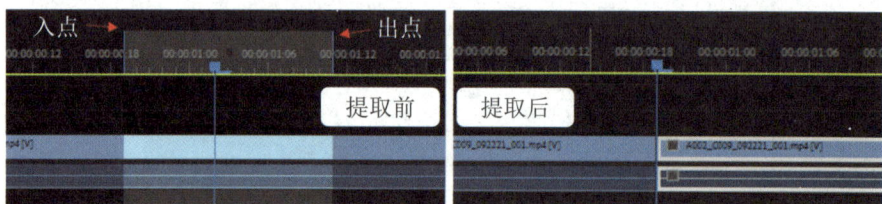

图 6-12　提取

（2）■ 提升：在激活当前轨道的情况下，删除入点至出点的片段，会留下空隙，如图 6-13 所示。

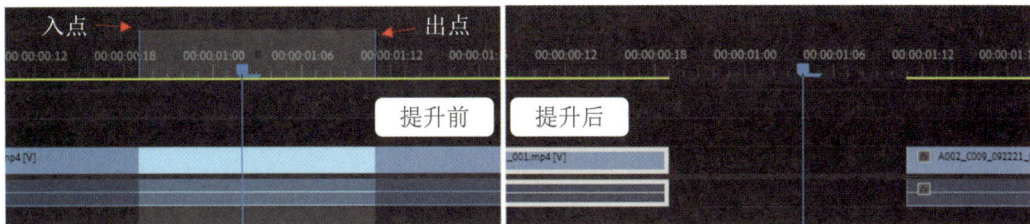

图 6-13　提升

（3）　比较视图：将节目监视器分为两个屏幕，其作用是定位两个不同时间段进行比较，如图 6-14 所示。视图比较方式有并排、垂直拆分、水平拆分（　　　　　　）三种。

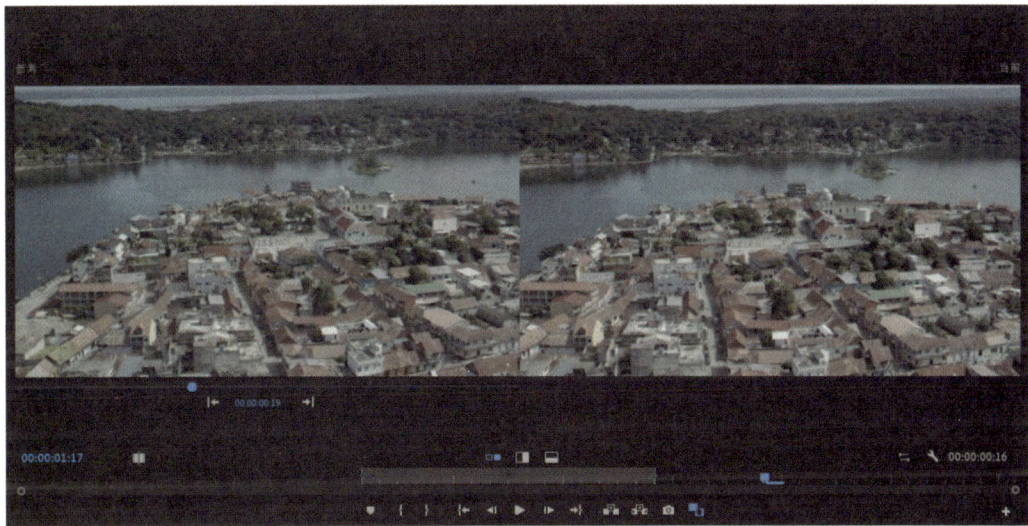

图 6-14　比较视图

任务 2　Premiere 基础面板

熟悉基础面板的运用是剪辑视频的基础，在实际操作过程中，各个面板都承担着不同的作用，只有贯通运用才能更好地提升剪辑效率。

本任务主要对以下七个方面进行详细的讲解：

➤ 效果控件面板

➤ 工具面板

➤ 效果面板

➤ 历史记录面板

➤ 信息面板

➤ 媒体浏览器面板

➤ 标记面板

一、效果控件面板

在时间轴上若不选择素材文件，则效果控件为空；当在时间轴上选中素材后，效果控件会显示默认"运动""不透明度""时间重映射"三个效果参数，如图 6-15 所示。

图 6-15　效果控件默认参数

对时间轴上的素材添加的所有效果，其调整参数都会在效果控件面板显示，如图 6-16 所示。

图 6-16　效果控件添加参数

在效果控件面板还可以创建关键帧，面板右侧即是关键帧的显示区域，如图 6-17 所示。（关键帧操作在后续任务中会深入解读，这里不做介绍。）

图 6-17　关键帧显示区域

二、工具面板

工具面板主要用来编辑时间轴上的素材文件，是编辑素材最常用的面板之一，如图 6-18 所示。

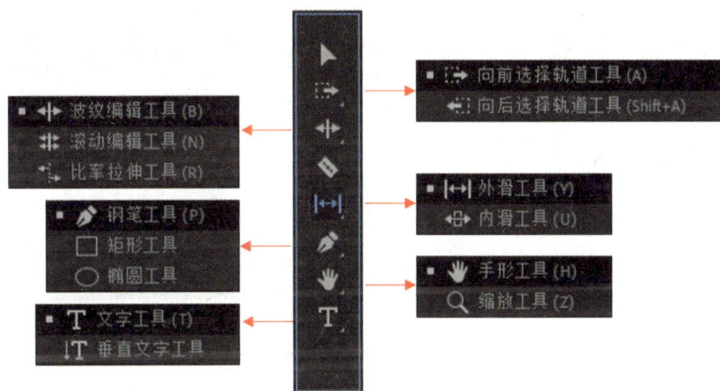

图 6-18　工具面板

下面对工具面板上各工具的功能用途进行介绍：

（1）　选择工具：（快捷键 V）用于选择或移动时间轴轨道上的素材文件，如图 6-19 所示。

图 6-19　选择工具

（2）　向前/后选择轨道工具：选择箭头方向的所有素材，如图 6-20 所示。

图 6-20　向前 / 后选择轨道工具

（3）　🔀　波纹编辑工具：（快捷键 B）使用该工具，可调节素材文件的长度。改变素材长度后，邻近素材会自动移动并保持间隙不变，如图 6-21 所示。

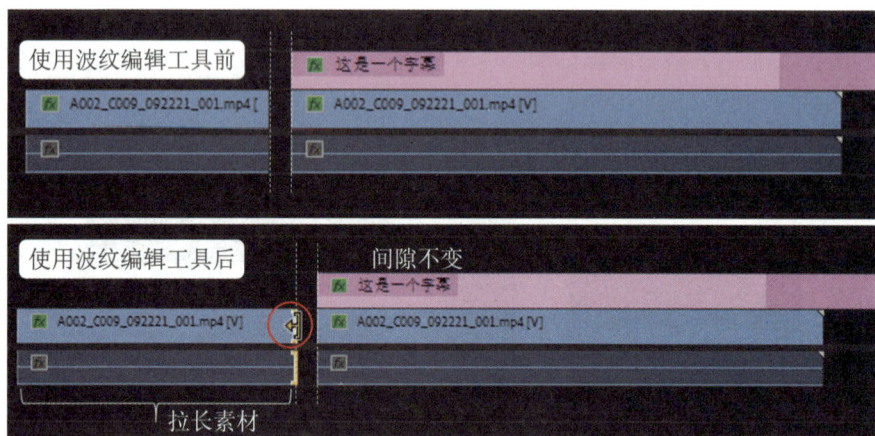

图 6-21　波纹编辑工具

（4）　▦　滚动编辑工具：（快捷键 N）改变选中素材的长度，相邻素材的长度也会随之改变。但两段素材的总长度不变，如图 6-22 所示。

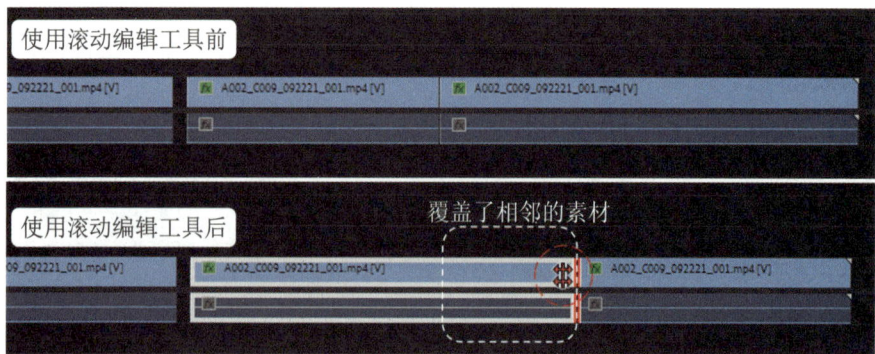

图 6-22　滚动编辑工具

（5）　▦　比率拉伸工具：（快捷键 R）使用该工具，可改变素材的播放速率，即快放或慢放，如图 6-23 所示。

图 6-23　比率拉伸工具

（6）剃刀工具：（快捷键 C/"Ctrl+K"）用于剪切时间轴上的素材文件，即对素材进行分割，如图 6-24 所示。

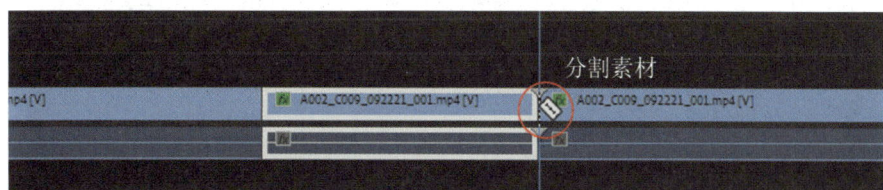

图 6-24　剃刀工具

（7）外滑工具：（快捷键 Y）左右滑动可改变素材的出入点，不改变素材在时间轴上的长度，如图 6-25 所示。

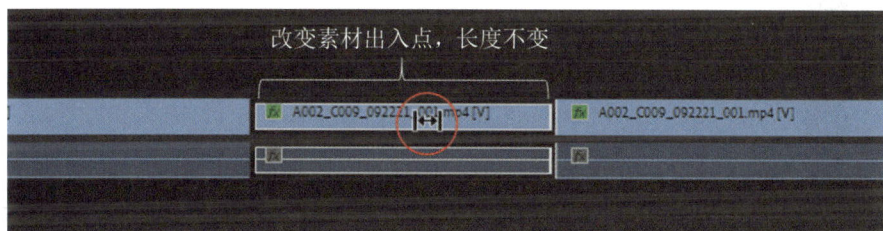

图 6-25　外滑工具

（8）内滑工具：（快捷键 U）左右滑动，保持选中素材长度不变，改变相邻素材的出入点位置，可以覆盖 / 还原素材，如图 6-26 所示。

图 6-26　内滑工具

（9）![钢笔工具图标] 钢笔工具：（快捷键 P）主要用于在素材上创建关键帧，及在节目监视器上绘制自定义图形，如图 6-27 所示。

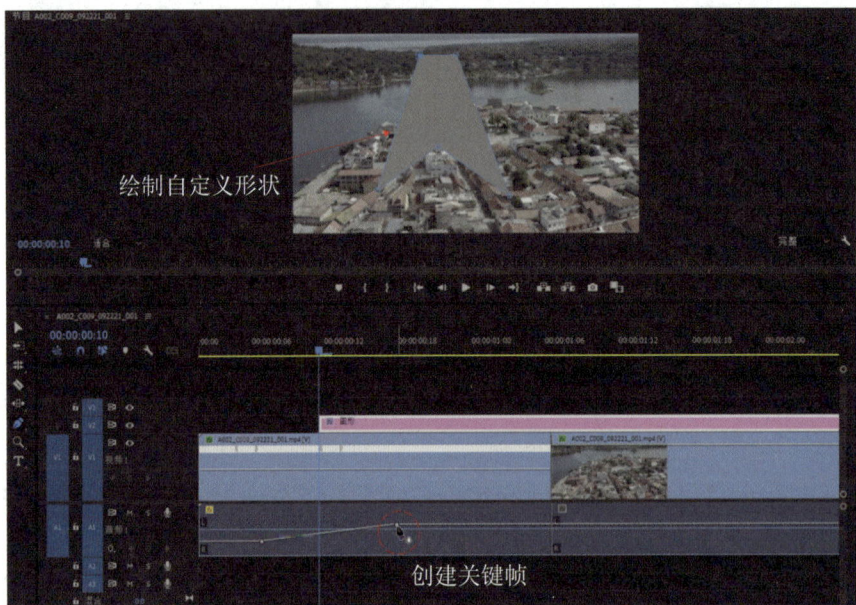

绘制自定义形状

创建关键帧

图 6-27　钢笔工具

（10）![矩形工具图标] 矩形工具：可以在节目监视器窗口绘制矩形。

（11）![椭圆工具图标] 椭圆工具：可以在节目监视器窗口绘制椭圆形。

（12）![手型工具图标] 手型工具：用于左右平移时间轴窗口轨道。

（13）![缩放工具图标] 缩放工具：可以拉长或缩短时间轴上的素材单位，方便精准剪辑。

手型和缩放两个工具，可用更改缩进级别滚动条代替，如图 6-28 所示（快捷键 Alt+ 鼠标滚轮）。

图 6-28　滚动条工具

（14）![文字工具图标] 文字工具：（快捷键 T）使用该工具，可以在节目监视器窗口输入横/竖排文字，如图 6-29 所示。

横排文字

竖排文字

图 6-29　文字工具

三、效果面板

效果面板提供了多种视频特效、音频特效和转场效果，按照类型可以分为六大类，分别是预设、Lumetri 预设、音频效果、音频过渡、视频效果和视频过渡，如图 6-30 所示。

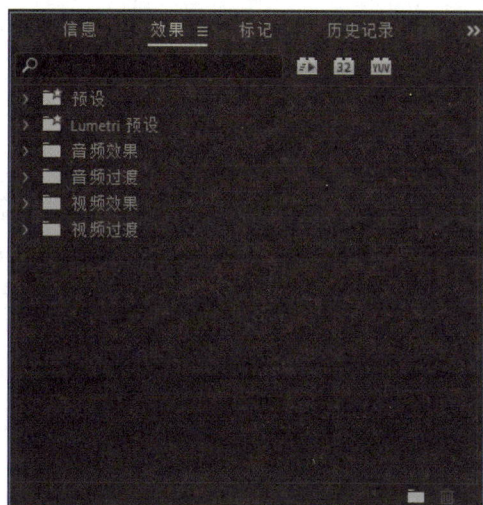

图 6-30　效果面板

在效果面板中选择想要的效果，按住鼠标左键拖曳至时间轴的素材文件上，即可为素材文件添加效果，如图 6-31 所示。

若想调整效果参数，可打开效果控件面板进行调整。

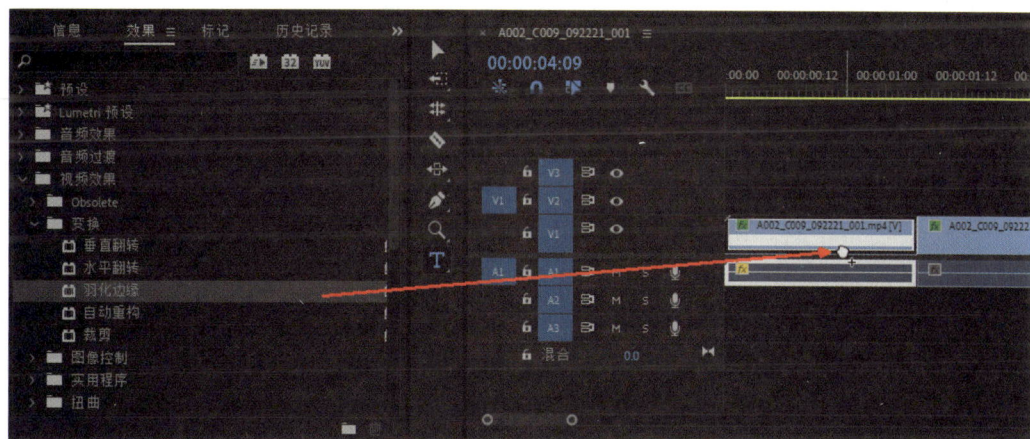

图 6-31　效果添加

四、历史记录面板

历史记录面板用于记录所操作过的步骤。如果在操作时想返回之前的某步操作，可在历史记录面板中点击该步骤即可返回,此时位于该步骤下方的步骤变为灰色,如图 6-32 所示。

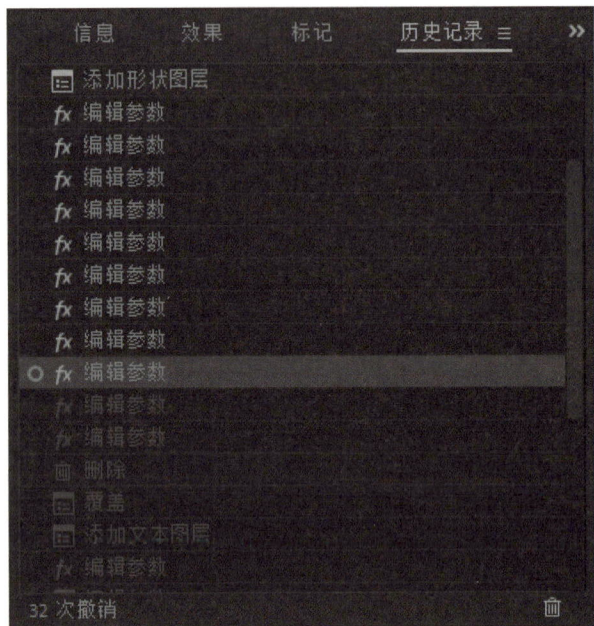

图 6-32　历史记录面板

另外,如果想要删除全部历史记录,只需右键单击,在弹出的快捷菜单中选择"清空历史记录"命令即可,如图 6-33 所示。

如果想要删除某个历史步骤,只需右键单击选择"删除"命令,或者按 Delete 键删除即可,如图 6-34 所示。

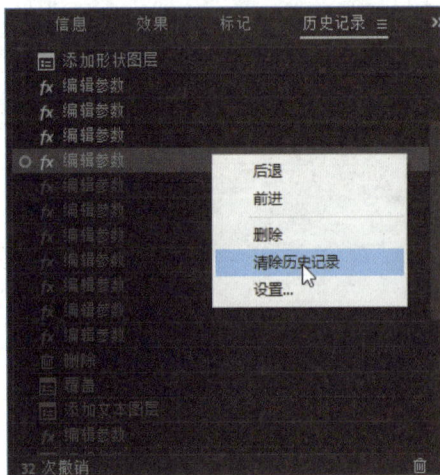

图 6-33　清除历史记录

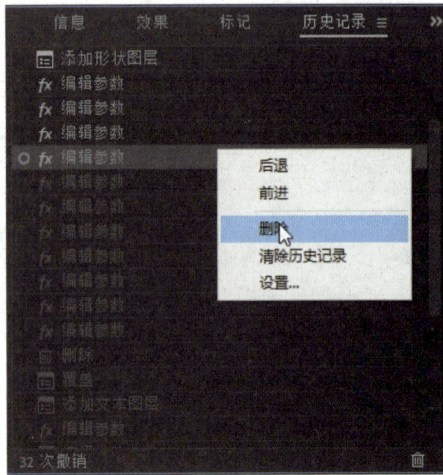

图 6-34　删除单条记录

五、信息面板

信息面板主要用于显示当前选中素材的属性信息，如图 6-35 所示。项目和时间轴上的素材信息都可显示，包括素材名称、类型、入点、出点和持续时间等。

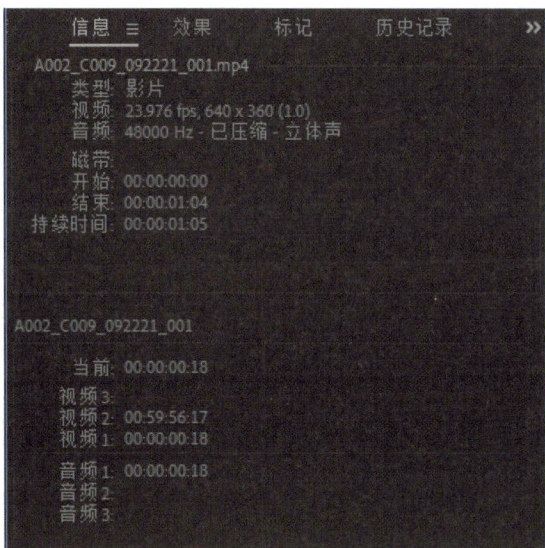

图 6-35　信息面板

六、媒体浏览器面板

在该面板中可以直接浏览电脑硬盘中的媒体文件，并能在"源监视器"中预览所选择的路径文件，方便用户查找并导入素材，如图 6-36 所示。

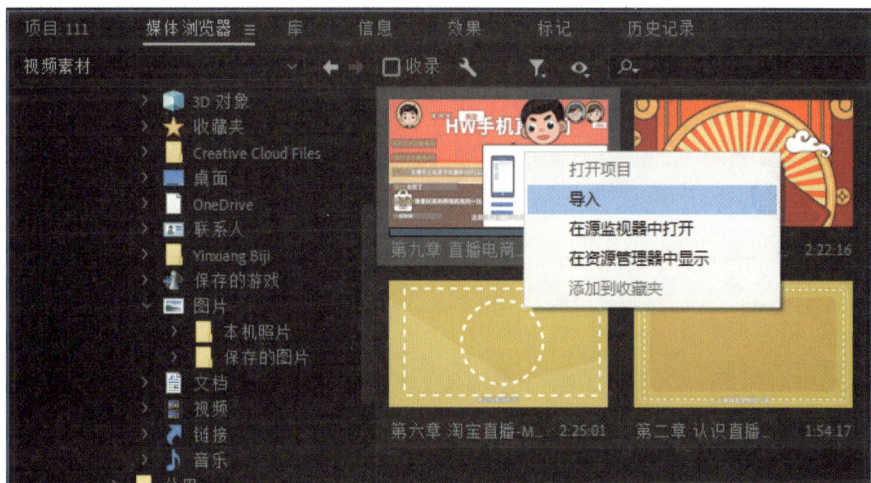

图 6-36　媒体浏览器面板

127

七、标记面板

标记面板可对素材文件添加标记，快速定位到标记的位置，为操作人员提供方便。若素材中标记点过多则容易混淆，可以给标记赋予不同的颜色，如图 6-37 所示。

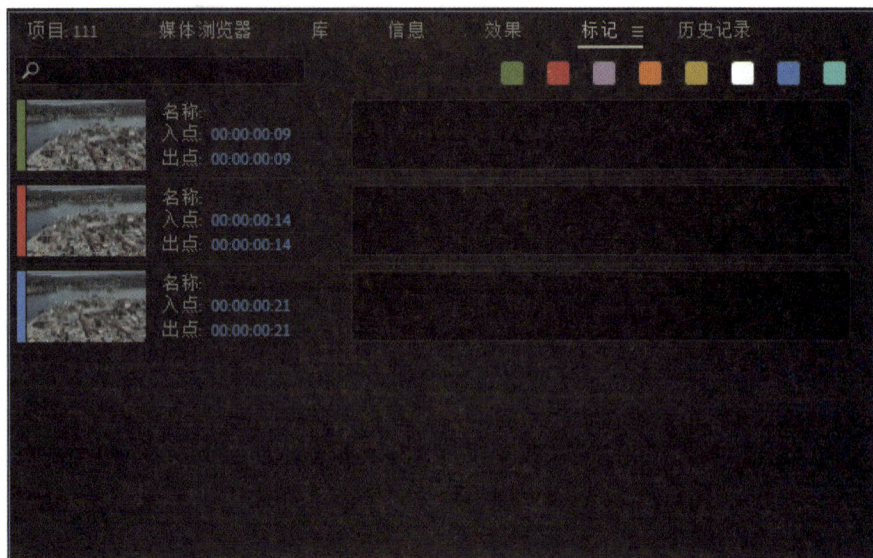

图 6-37　标记面板

课程实践

本项目的实践环节共有 2 个任务，请同学们参照配套实训书，完成任务。

任务序号	实训名称	主要工作内容
1	素材基础操作练习	完成素材编组、素材嵌套、素材重命名、素材替换、素材链接等操作练习
2	面板基础操作练习	完成效果控件打开、入点出点设置、标记添加 / 清除、音视频链接、历史记录回档、帧画面导出等操作练习

课后思考

回顾本项目内容，回答以下问题：

1. 对素材添加的效果参数进行调整，要在哪个面板操作呢？

2. 请简述工具面板上各工具的功能用途。

3. "源监视器"窗口和"节目监视器"窗口的区别是什么？

延伸拓展

扫码阅读以下学习资源，拓展自己的知识和视野。

文章 1：Premiere 剪辑实用小技巧

文章 2：Premiere 序列自动匹配技巧

文章 3：理解子剪辑 / 子序列 / 嵌套 / 编组

文章 1　　　　文章 2　　　　文章 3

思政园地

Adobe Premiere Pro 将引入新 AI 工具，可一句话改变视频季节

思政元素：科技创新、科技进步。

Adobe Firefly 是一套基于生成式人工智能模型的工具，可以通过文字提示来创建和转换音频、视频、插图和 3D 模型，就像 Dall-E 和 ChatGPT 那样。2024 年 3 月，Adobe 首次展示了这套工具；4 月，Adobe 又宣布了一系列升级计划，旨在通过 Creative Cloud 视频和音频应用程序，进一步赋能用户。这些新增功能将在 2024 年晚些时候加入 Firefly 的测试版程序。

Firefly 的功能已经覆盖了 Adobe 的生态系统，包括 Premiere Pro、Illustrator、After Effects 和 Photoshop 等应用程序，不过要想体验这些功能，还需要等到测试版程序开放。4 月公布的新功能，主要是为了帮助专业视频编辑减少烦琐工作，比如提升色彩水平、插入占位图像、添加效果、自动推荐适合项目的 B-roll 辅助镜头等等，编辑只需要通过文字提示告诉 Firefly 想要什么，让算法来完成剩下的事情。

这些新功能包括"文字到色彩增强"（text to color enhancements），这是一种范围广泛的功能，可以通过自然语言提示来调整亮度和饱和度水平，改变一天中的时间甚至一年中的季节。生成式人工智能功能也延伸到了音频方面，可以通过描述想要什么来插入背景音乐和音效。在 3 月的 Adobe 发布会上看到的动画字体功能也将很快推出，以及一个自动 B-roll 功能，可以通过分析剧本的内容来生成故事板并推荐视频片段。Firefly 甚至可以制作个性化的教程指南，帮助新用户学习如何使用这些功能。

（资料来源：Adobe Premiere Pro 将引入新 AI 工具，可一句话改变视频季节 [EB/OL].（2023-04-18）[2024-11-29].https://baijiahao.baidu.com/s?id=1763473559758679425&wfr=spider&for=pc）

思考与讨论

1. 以上案例说明了什么？
2. 以上技术的进步，对于短视频的发展有什么意义？

07

项目七　视频修剪与合成

项目内容

　　本项目主要针对视频素材的修剪、字幕添加、音频处理，以及渲染与导出等内容展开讲解，并通过实例任务操作帮助学生提升技能熟练度。掌握本项目知识与技能，基本能满足简单视频剪辑的操作要求，制作出属于自己的作品。

建议课时：8课时

学习目标

知识目标	技能目标	思政素养目标
· 能概述素材修剪的方法； · 能说出添加字幕与音频处理的工具； · 能描述视频导出的方法及参数设置。	· 能独立完成剪辑基础操作的练习； · 能使用 Premiere 对视频进行修剪、处理音频及添加字幕； · 能完成视频的渲染导出。	· 培养勇于探索的职业素养； · 培养互帮互助、协作交流的团队精神。

课程导图

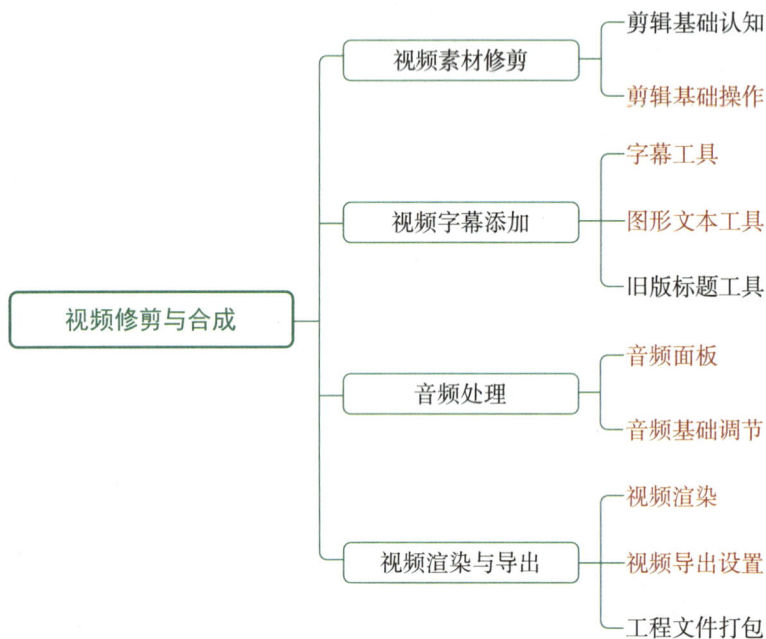

案例导入

　　小万经过这段时间的学习，对 Premiere 的认知更加深刻了，他很迫切地想剪出自己的片子，于是便挑选了几条家乡文化素材尝试着进行剪辑。到实操时小万才发现，他想要的国风毛笔字标题、民俗音乐与人声协调等等片子场景，他都不知道怎么做。

　　小万经过观察后发现，Premiere 中实现这些操作其实并不难，但前提还是要有扎实功底才行。视频修剪、字幕添加、音频处理等操作是完成一个片子最基础，也是最根本的要求，不能只观其表而不知其理。只有真正打牢了地基，属于自己剪辑世界的高楼大厦才能拔地而起。

　　凭借着小万的不懈努力，他终于完成了自己的第一部短视频片子，而且是介绍家乡文化的短片。这一刻，他自豪极了。

【思考】

认真思考以下问题，并带着疑问进入课堂寻找答案吧。

1. 当多个轨道的素材处于同一个时间点时，会优先显示哪个素材？

2. 要改变视频声音的大小，具体要怎么操作呢？

3. 给视频添加字幕，可以通过哪些工具来完成操作？

任务 1　视频素材修剪

　　对素材进行剪切、拼接可以叫作视频剪辑，拼接视频、添加特效、处理音频、调色、转场等等操作也统称为剪辑。学习剪辑，是个由浅入深的过程，先学会对镜头素材进行分割、取舍、拼接，让其成为一个有节奏、有故事性的作品，再来考虑品质升级的事情。

　　本任务主要从以下两个方面展开讲解：

➤ 剪辑基础认知

➤ 剪辑基础操作

一、剪辑基础认知

　　剪辑视频是系统性、流程性要求很高的工程，同样的视频素材在不同的剪辑思维下，最终呈现出来的结果可能会天差地别。

　　对于初学者来说，先理解最基本的剪辑知识，无论是思维上的还是操作上的都要掌握，再慢慢从实践中，提升自己的视频美学。

1. 蒙太奇

　　蒙太奇（montage，中文翻译为剪接），是将不同的镜头拼接在一起，以不同的时间或空间来表现人物、环境、情节等，以产生暗喻的作用。广义上来说，这种"剪接"做法就是蒙太奇，是由镜头组合构成的影视语言。

　　例　如表 7-1 所示两个故事版本中，同样的镜头和对话内容，通过不同的排列组合，形成了不同的故事表达。版本 1 刻画了一个正常叙事的小王；版本 2 刻画了一个搞笑的小王，这就是蒙太奇。

表 7-1　蒙太奇案例

版本 1	版本 2
下午小王去做核酸检测 护士说：先摘一下口罩。 小王摘下口罩。 护士：抬起头，张开嘴，啊—— 小王：啊——	下午小王去做核酸检测 护士说：抬起头，张开嘴，啊—— 小王：啊—— 护士：先摘一下口罩。 小王摘下口罩。

在电影行业中，根据蒙太奇具有叙事和表意两大功能，蒙太奇被划分为三种类型：叙事蒙太奇、表现蒙太奇和理性蒙太奇。前一类是叙事手段，后两类主要用于表意。

但在短视频行业中，由于短视频追求短、平、快的特性，在剪辑时，更多运用叙事和表现两种蒙太奇手法：

（1）叙事蒙太奇：以交代情节、展示事件为主旨，按照情节发展的时间流程、因果关系来剪接镜头。

（2）表现蒙太奇：是以镜头对列为基础，通过相连镜头在形式或内容上相互对照、冲击，产生单个镜头本身所不具有的丰富含义，以表达某种情绪或思想。其目的在于激发观众的联想，启迪观众的思考。

扫描以下二维码了解叙事蒙太奇和表现蒙太奇的详细解读。

叙事蒙太奇

表现蒙太奇

2. 剪辑流程

在视频剪辑工作中，面对大量杂乱无序的素材，许多初学者往往不知道如何下手。为了视频剪辑的操作更加规范，提升工作效率，必须明确图 7-1 所示剪辑流程。

图 7-1　剪辑流程

（1）整理素材：拿到素材后，一定要养成素材分类的习惯，这对后期剪辑具有很大的帮助。分类方式可以参照如下方法：

① 按照剧本、脚本结构分类：开场、发展、结尾等。

② 按照逻辑分类：空境、人物、场景等。

③ 按照时间顺序分类：清晨、上午、中午、下午、傍晚等。

整齐有序的素材文件可大幅提升剪辑效率，而且能有效避免素材丢失、到处翻文件夹找素材等情况。

（2）粗剪：这个环节主要是按照叙事逻辑去拼接素材，去掉多余的重复镜头、删除废镜头，逐步搭建出视频的故事线。

（3）精剪：在粗剪的基础上对视频的细节部分进行打磨，包括镜头的修正，音乐音效使用、字幕及效果过渡添加、调色等。这个环节是剪辑流程中最重要的一道工序，需要反复剪辑调整。工程文件如图 7-2 所示。

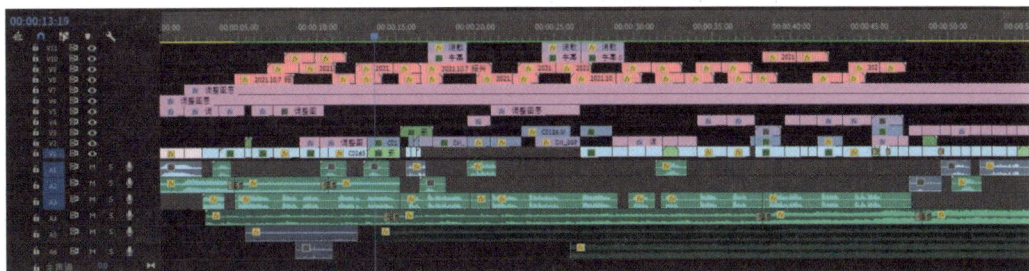

图 7-2　精剪工程文件

（4）合成输出：最后就是对视频进行检查，确认无误后合成输出，输出时注意格式编码、分辨率等。到这里一部片子就完成了。

3. 轨道展现逻辑

在进行视频剪辑操作时，初学者必须搞明白一个基础的剪辑知识，那就是 Premiere 时间轴轨道的展现逻辑。如图 7-3 所示，当多个素材放在不同轨道的同一个时间点时，会按照怎样的规则播放呢？

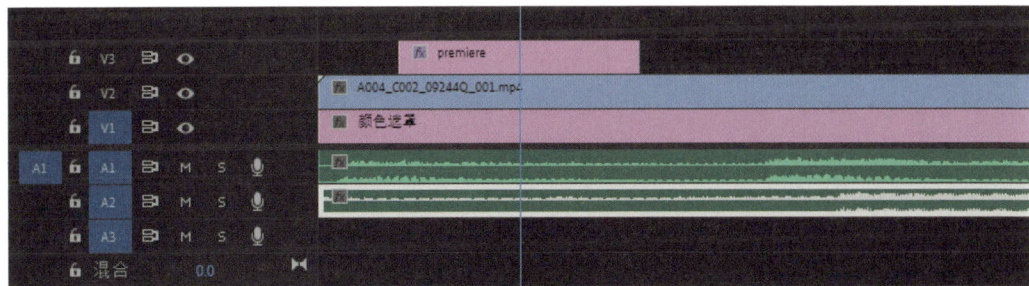

图 7-3　时间轴轨道

针对上面的问题，要分视频轨和音频轨两个方面看待：

（1）视频轨是会优先展示上层素材画面，如图 7-4 所示。当上层画面大于下层时，就会遮盖掉下层画面。

（2）音频轨是两个音频文件会重叠播放，如 BGM（背景音乐）和旁白声音同时播出。

图 7-4 视频轨展现

二、剪辑基础操作

要完成视频素材的粗剪工作，就必须掌握对素材处理的操作技巧。上个项目中已对工具面板进行功能解读，本小节将利用工具面板上的工具，详细讲解视频修剪时比较重要的几个操作。

1. 素材选择 / 移动

选择 / 移动时间轴上的素材，需要先切换至选择工具（ ，快捷键 V），共有以下几种场景：

（1）单选：单击序列上的剪辑素材。

（2）多选：按住 Shift 键的同时单击其他剪辑素材，可以同时选中多个素材，再次单击素材可以取消选择。

（3）全选：按住"Ctrl+A"，即可选中时间轴上未锁定轨道的全部素材。

（4）移动位置：选中素材后用鼠标进行拖动，即可移动素材位置。

① 按"Alt+ 左 / 右方向键"可以实现微调，每次移动 1 帧；按"Alt+Shift+ 左 / 右方向键"一次可以移动 5 帧。

② 按"Alt+ 上 / 下方向键"可以移动素材所在的轨道位置。

③ 按住 Shift 键的同时移动素材，素材只能上下变换轨道。

（5）移动插入：选中素材后，按住 Ctrl 键拖动素材，光标会发生变化并出现插入符号，如图 7-5 所示，插入后鼠标即可完成插入。

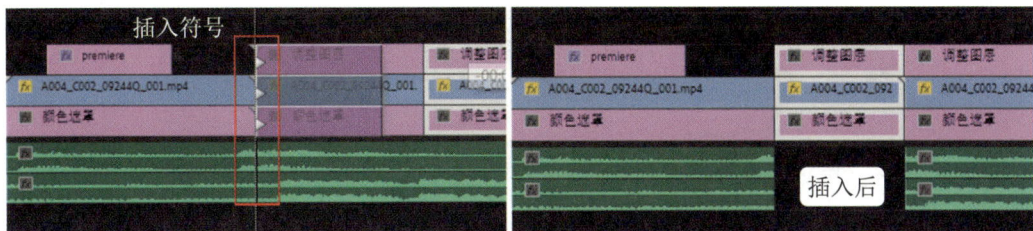

图 7-5　移动插入

（6）移动覆盖：选中素材后，拖动素材到其他素材位置，重叠部分会被所选素材覆盖。

2. 素材剪切 / 拼接

对素材进行剪切、拼接是剪辑中最重要的操作，就是把素材分割成若干片段，删掉多余的部分，并使有效素材连接。

（1）分割片段：切换至剃刀工具 （快捷键 C），单击时间轴上的素材，即可将素材分割成两段。

快捷方式：移动指针到编辑点，按住"Ctrl+K"即可对素材进行分割。

选中多条轨道后，按住"Ctrl+K"键会对指针位置进行同时分割。

（2）还原分割：被切割开的素材还可以还原成完整素材。选中素材后，将鼠标移动至素材编辑点，此时箭头如图 7-6 所示。右击选择"通过编辑连接"选项即可将切开的两段素材重新链接。

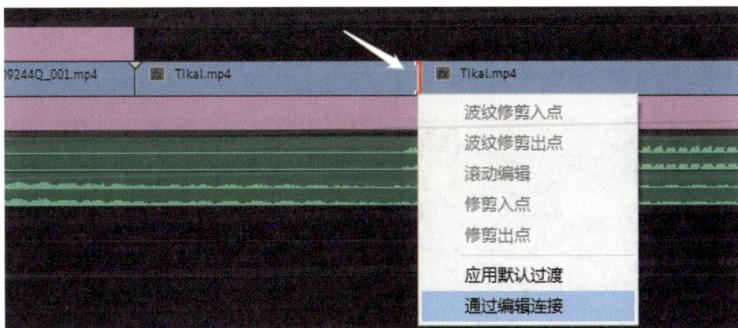

图 7-6　通过编辑连接

（3）提取片段：将鼠标移动至素材编辑点，出现 图标，左右拉动即可改变素材入 / 出点，从而快速提取片段。

（4）关闭空隙：在两段素材中间位置，右击选择"波纹删除"（如图 7-7 所示），即可快速关闭两段素材间的空隙。需要注意的是，当素材不在同一时间点时，会关闭相邻最近的空隙。

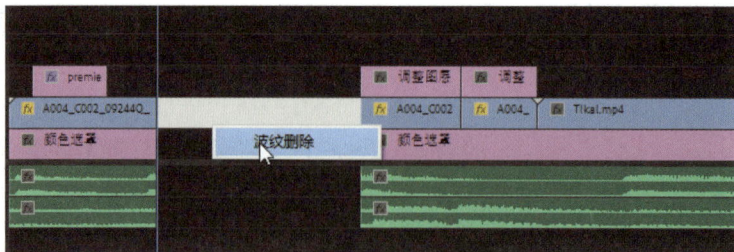

图 7-7　波纹删除

专家指导

提取片段还可以从源监视器窗口操作：对源素材设置入点和出点，然后按住鼠标左键将源监视器上的素材画面直接拖动到时间轴上，即完成片段提取。

（1）仅提取视频：按住源监视器窗口下的 按钮拖动到时间轴即可。

（2）仅提取音频：按住源监视器窗口下的 按钮拖动到时间轴即可。

3. 素材复制 / 粘贴

在时间轴上复制、粘贴素材，只需选中素材，按"Ctrl+C"键复制，移动指针到指定位置，按"Ctrl+V"键粘贴即可。快捷操作方式：按住 Alt 键将其拖动到指定位置，松开鼠标即可完成素材复制，如图 7-8 所示。

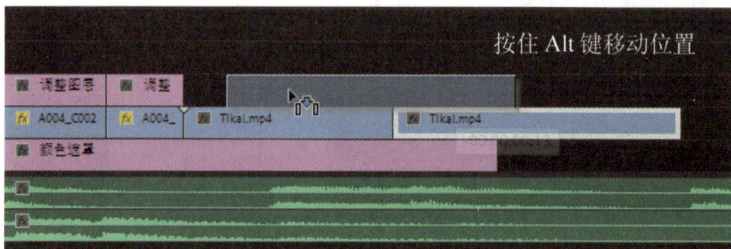

图 7-8　用 Alt 快捷键复制

除常规复制 / 粘贴之外，还有两种特殊场景需要掌握：

（1）粘贴插入：复制素材后，将指针移动到指定位置，按住"Ctrl+Shift+V"键，即可将素材粘贴并插入指针位置。

（2）以此轨道为目标粘贴：序列轨道选择器（）表示以此轨道为目标切换轨道，可以控制在轨道中粘贴素材时素材生成的位置。

例 当 V1、V2、V3 三个轨道，只打开了 V3 轨道选择器时，复制的素材将粘贴至 V3 轨道，如图 7-9 所示。当打开多个轨道时，会粘贴至最低的轨道。

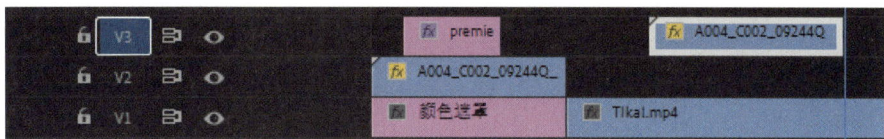

图 7-9　序列轨道选择器

4. 素材速度调节

在时间轴上调节素材画面速度，做出快 / 慢镜头效果，有两种办法实现：

（1）比率拉伸工具：在工具面板上，选择比率拉伸工具（　），在素材编辑点左右拉动，拉长即慢放，缩短即快放。

（2）速度 / 持续时间：选中素材，右击选择"速度 / 持续时间"，调节速度数值，即可调节素材画面速度，如图 7-10 所示。当持续时间不变，调节素材时，系统会自动进行补帧，也就是如图 7-11 所示时间插值。

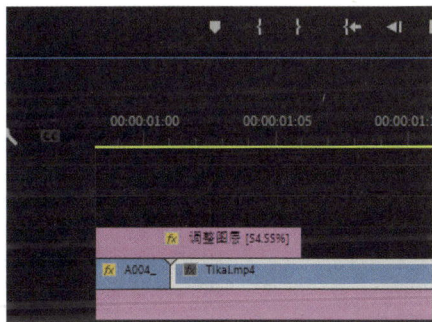

图 7-10　速度 / 持续时间

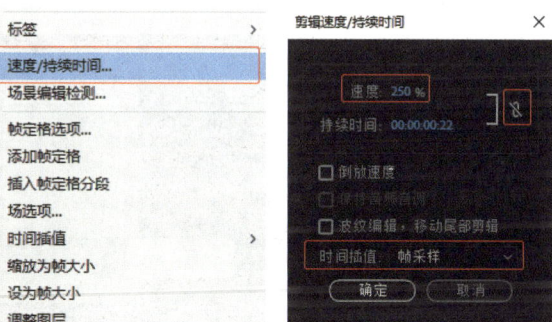

图 7-11　时间插值

时间插值有三种类型，三者区别如下：

① 帧采样：插入的帧直接复制前后帧，除了帧率提高无其他变化。

② 帧混合：插入的帧为前后两帧混合生成。

③ 光流法：插入的帧根据前后两帧计算得到，具有运动变化的感觉。

专家指导

电影中的超级慢镜头效果，就是升格镜头，在 Premiere 中要实现升格镜头，就是用"速度 / 持续时间"降低速度，并将时间插值改为光流法，系统算法经过计算进行补帧，画面更加流畅，不会出现掉帧情况。

任务 2　视频字幕添加

字幕不仅是视频语音的文字呈现，还可以用于画面装饰，起到美化版面的作用。运用好文字的编排、组合，可以让视频增色不少。Premiere 有强大的字幕功能，有多种工具可供不同工作场景使用，灵活运用可大幅提升工作效率。

本任务主要对以下三个工具展开讲解：

➤ 字幕工具
➤ 图形文本工具
➤ 旧版标题工具

一、字幕工具

打开"字幕"编辑模式，即可对字幕进行创建及样式编辑，整体界面如图 7-12 所示。字幕工具的主要用途是配合语音添加说明性文字，快速地传递语音信息，也就是我们主观理解的"对白字幕"。

图 7-12　字幕界面

1. 创建字幕

打开"字幕—文本"面板，如图 7-13 所示。单击"创建新字幕轨"按钮创建字幕轨道，在弹出的对话框中选择字幕格式，默认选择"副标题"，如图 7-14 所示。如果之前创建并保存了字幕样式，可以在"样式"中选择自定义样式，若无自定义样式，则默认为无。

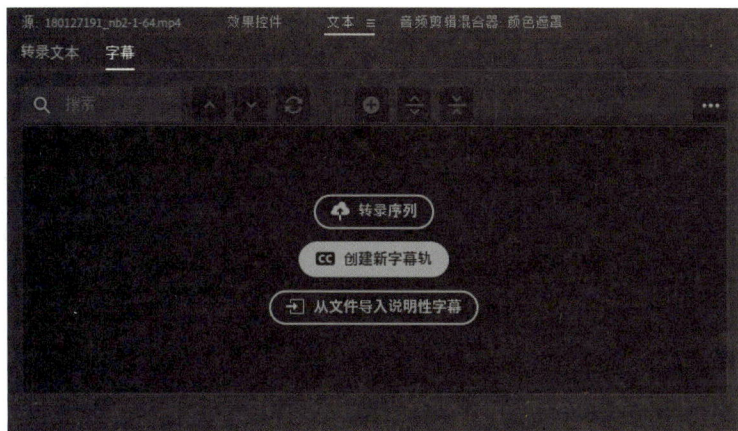

图 7-13　字幕创建面板

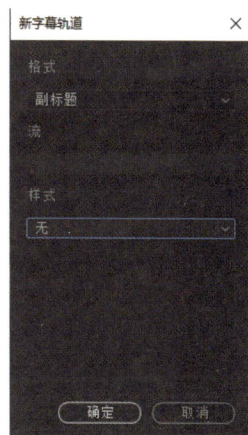

图 7-14　新字幕轨道

单击"确定"按钮创建字幕轨道，这时在时间轴上会出现字幕轨道，如图 7-15 所示。单击添加新字幕分段按钮（）创建字幕。

图 7-15　字幕轨

（1）编辑字幕内容：在"文本"面板中对字幕编辑区域进行双击，即可编辑文字，添加字幕内容，如图 7-16 所示。

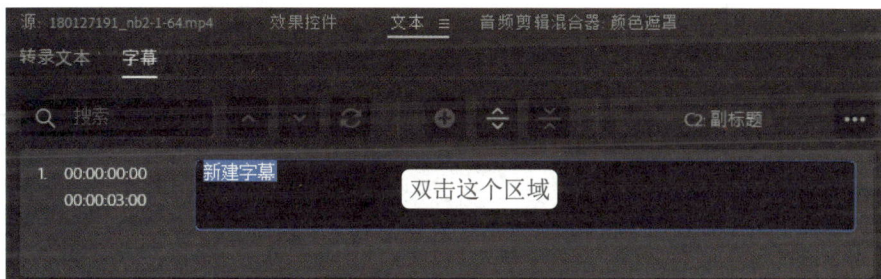

图 7-16　编辑字幕内容

（2）调节字幕时间：在字幕轨上对生成的字幕条的编辑点进行拖动，即可改变字幕时间，如图 7-17 所示。

图 7-17　调节字幕时间

（3）新增字幕条：在字幕轨上复制粘贴字幕条，即可新增字幕条。

（4）合并/拆分字幕：单击拆分字幕按钮（）可以将字幕拆分为两段，如图 7-18 所示；按住 Ctrl 同时选择多个字幕，单合并字幕按钮击（）即可将多个字幕合并为一个字幕，如图 7-19 所示。

图 7-18　拆分字幕

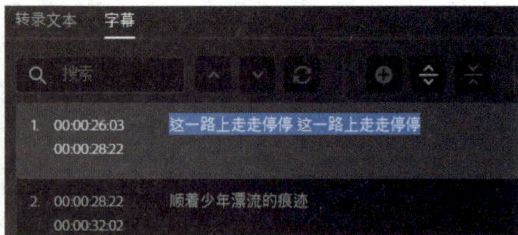

图 7-19　合并字幕

2. 编辑字幕样式

要对字幕颜色、大小、位置等样式进行调整，只需选中字幕条，在"基本图形"面板中即可对字幕样式进行编辑，如图 7-20 所示。

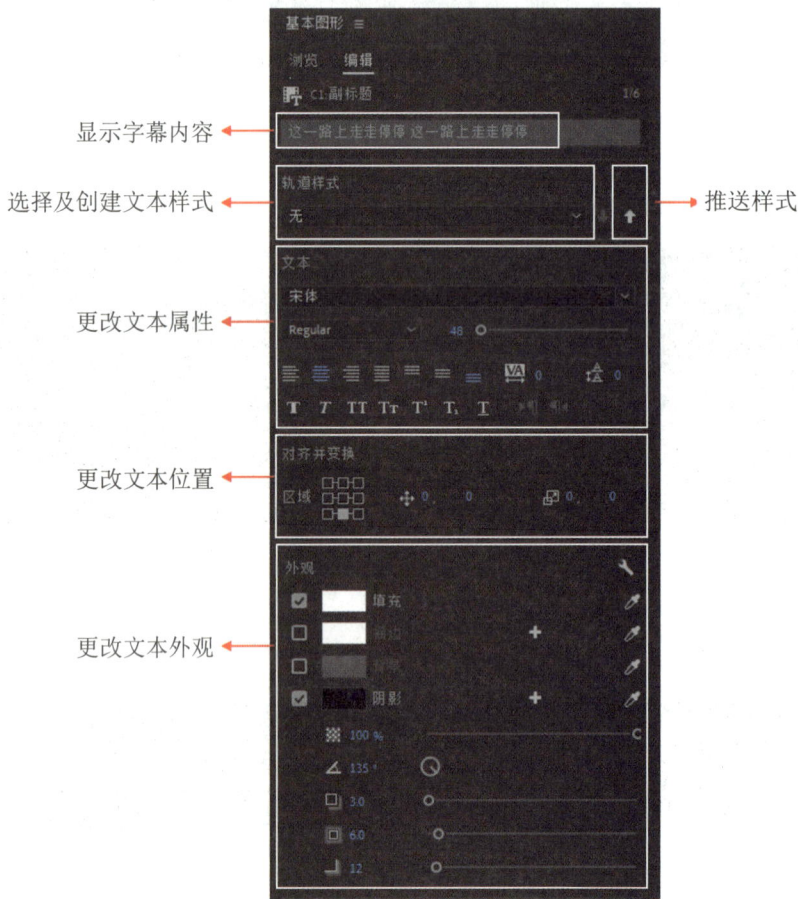

显示字幕内容

选择及创建文本样式

推送样式

更改文本属性

更改文本位置

更改文本外观

图 7-20　编辑字幕样式

编辑好字幕样式后在"轨道样式"选项中选择"创建样式"，出现"新建文本样式"对话框，对文本样式进行命名，可以保存自定义样式，方便下次调整字幕属性时直接使用，如图 7-21 所示。

图 7-21　自定义文本样式

3. 语音转文本

Premiere 2022 以上版本新增了语音转文本功能，可以一键完成烦琐耗时的字幕编辑工作。单击"字幕—文本"面板，单击转录序列按钮，设置好转录的音频轨道、语言等，即可进行转录，如图 7-22 所示。

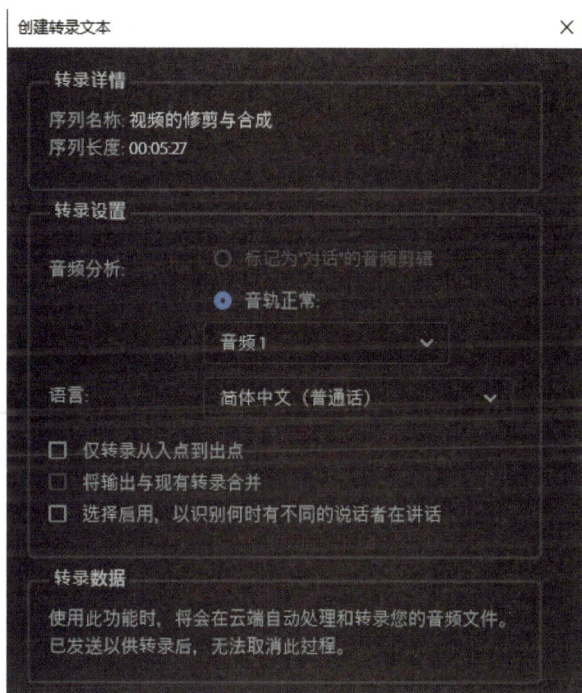

图 7-22　转录序列

Premiere 会根据当前序列的音频生成逐字稿，操作者需对逐字稿中出现的错误文字进行纠正。完成后，单击创建说明性字幕按钮，在字幕轨上就会出现对应字幕。

专家指导

想要在 Premiere 中添加更多的文字字体，只需将下载好的字体安装到本地，Premiere 即可识别该字体。在下载字体时需注意字体版权保护，尽量选择可免费商用字体。

二、图形文本工具

图形文本工具用于直接创建图形、字幕和动画，可以很好地与视频效果、关键帧等搭配使用，因此常被用来编辑视频标题、特效文字等。

1. 创建图形文本

选择工具面板上的 **T**（文字工具），在节目监视器窗口单击会出现一个文本框，直接输入文字即可创建图形文本，如图 7-23 所示。

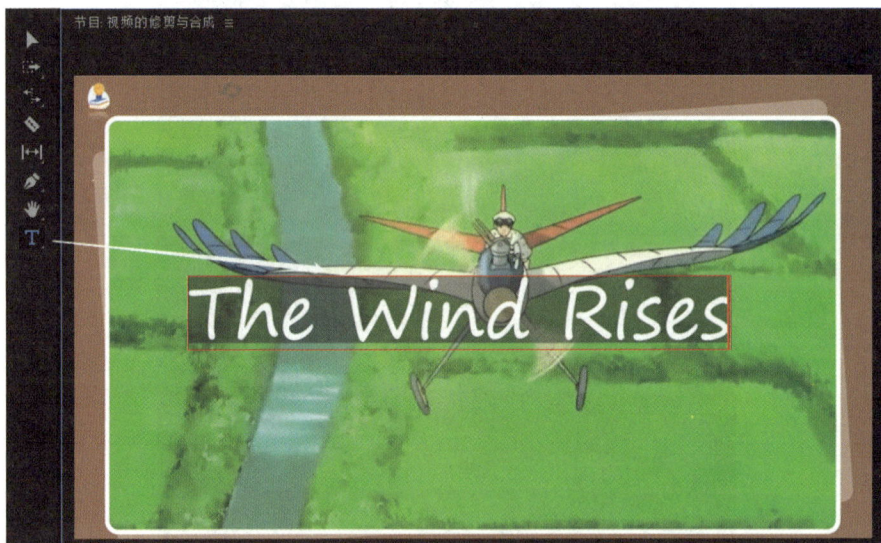

图 7-23　创建图形文本

Premiere 会自动在时间轴上生成一个图形素材，但是不会显示在素材区，如图 7-24 所示。

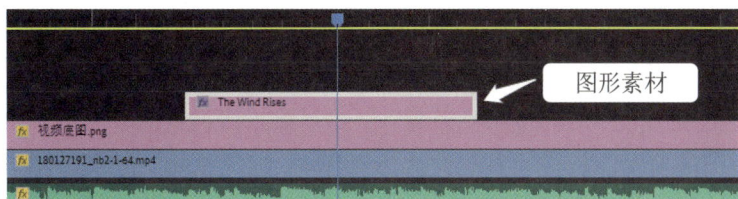

图 7-24　图形素材

专家指导

　　创建多个文本图形时，切记不要选中时间轴上的图形素材，无选中状态才会创建多个图形；否则多个文本会处在同一图形中，文字会在同一时间出现。

2. 编辑文本样式

　　创建图形文本后可以在"效果控件"面板的"文本"属性中，对字体、字符样式等属性进行编辑，如图 7-25 所示。

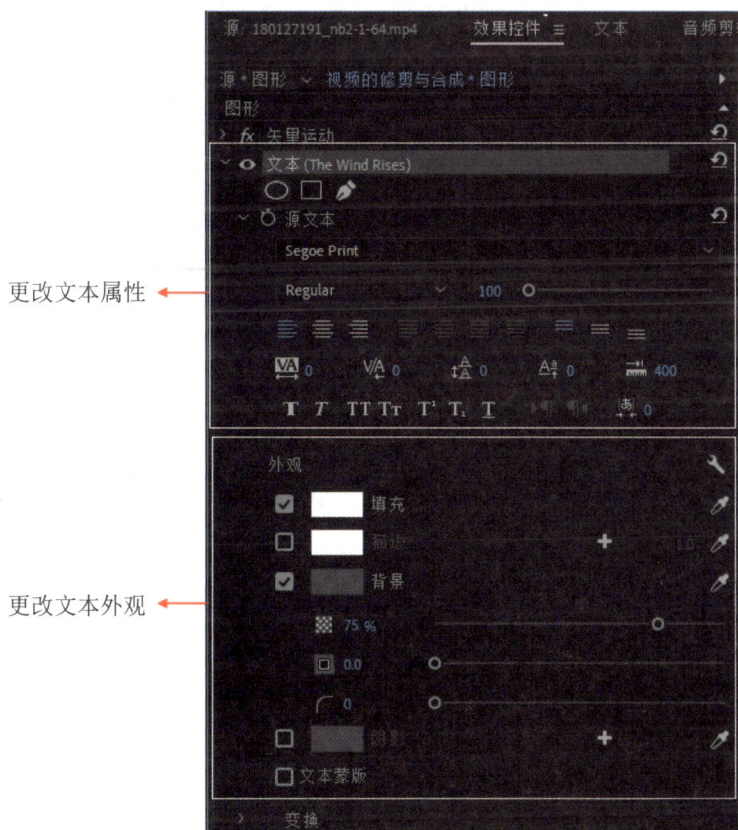

图 7-25　编辑文本样式

　　另外，也可打开"图形"工作模式，在"基本图形"面板的"编辑"中对文本样式进行修改，功能基本一致。

　　如果以后想使用同样的图形文本效果，可以将设置好的样式保存为预设，直接调用，避免重复设置而浪费时间。在"效果控件"面板中，右击文本，选择"保存预设"选项，对预设进行命名即可，如图 7-26 所示。

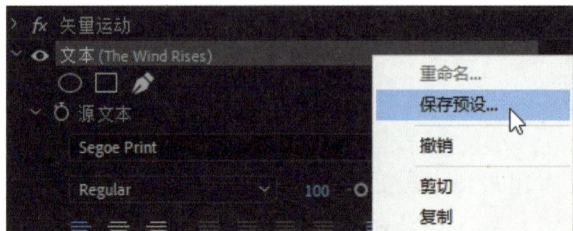

图 7-26　保存文本预设

　　之后使用只需打开"效果"面板，可在"预设"文件夹里看到保存的文本预设，如图 7-27 所示。

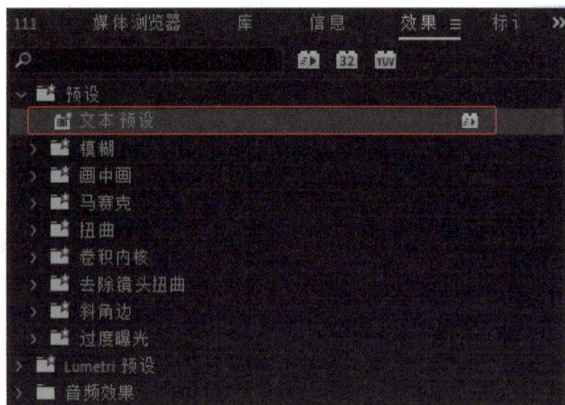

图 7-27　使用文本预设

3. 使用图形模板

　　Premiere 图形面板中预设了大量的模板，具有丰富的图形效果，找到"基本图形"面板中的"浏览"，即可看到这些模板，如图 7-28 所示。

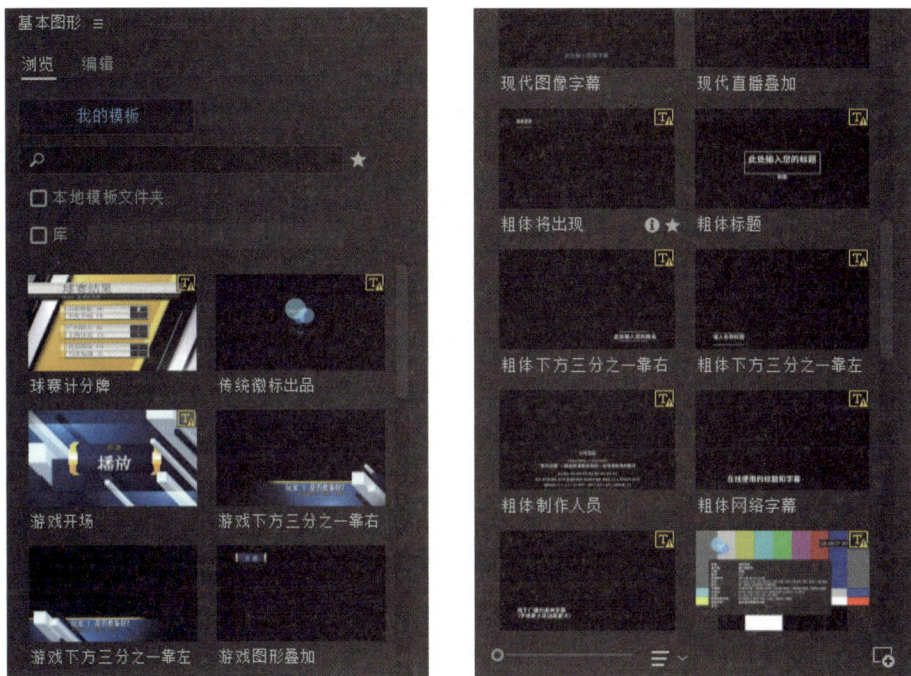

图 7-28　图形模板

选择一个模板，直接将其拖曳至时间轴上，即可使用该模板。如需调整该模板的参数，只需在时间轴上选中该图形模板，在"基本图形"的编辑区域，即可对模板参数进行调整，如图 7-29 所示。

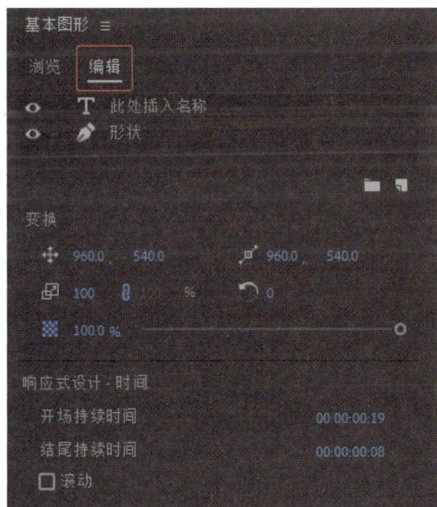

图 7-29　编辑图形模板参数

如果想导入外部的图形模板，只需点击"基本图形"名称右侧的 ☰ 符号，选择"管理更多文件夹"，添加本地的图形模板文件夹，如图 7-30 所示。

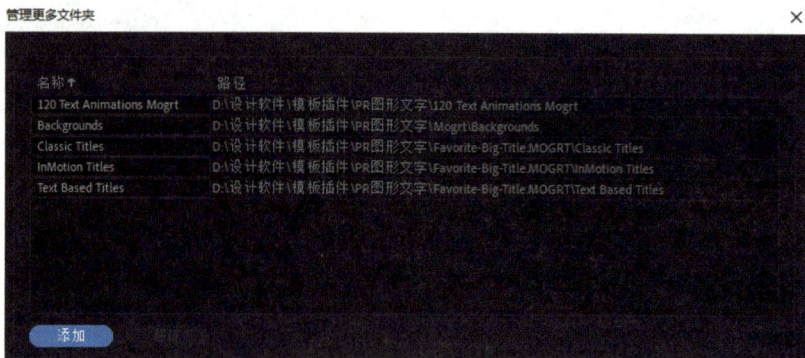

图 7-30　添加图形模板

注意：添加的是存放 .mogrt 的文件夹，如图 7-31 所示。

图 7-31　图形模板示例

三、旧版标题工具

旧版标题过去一直被用来添加字幕、制作特效文字等，算是如今字幕和图形文本的集合体。随着 Premiere 功能的不断迭代，旧版标题逐渐被替代，但有些特殊场景仍然是会用到旧版标题。

执行"文件—新建—旧版标题"命令即可打开旧版标题窗口，该窗口的主要组成部分为如图 7-32 所示。

图 7-32　旧版标题窗口

1. 创建旧版标题

（1）创建静态字幕：点击 **T** 即可在工作区域输入字幕，字幕创建完成后，关闭旧版标题窗口。刚创建的字幕会显示在项目窗口素材区，将其拖曳至时间轴上即可应用，如图 7-33 所示。

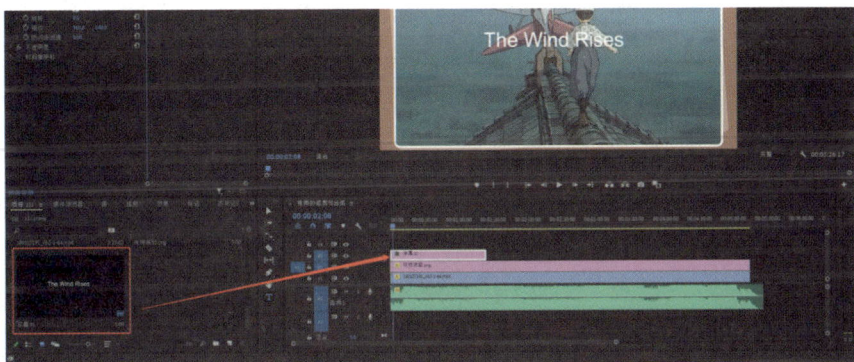

图 7-33　创建静态字幕

（2）创建游动字幕：在旧版标题窗口字幕栏，点击 （滚动 / 游动选项）（图 7-35），在弹出的对话框中，设置对应的参数，即可完成字幕游动效果，常用于制作演员表、弹幕效果等，如图 7-35 所示。

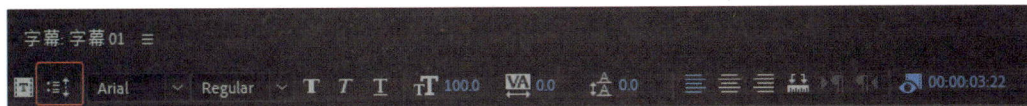

图 7-34　滚动 / 游动选项

例　如图 7-35 制作弹幕效果，选择向左游动，"开始于屏幕外""结束于屏幕外"都勾选上；制作演员表效果，选择"滚动"，勾选"开始于屏幕外""结束于屏幕外"，即可完成。

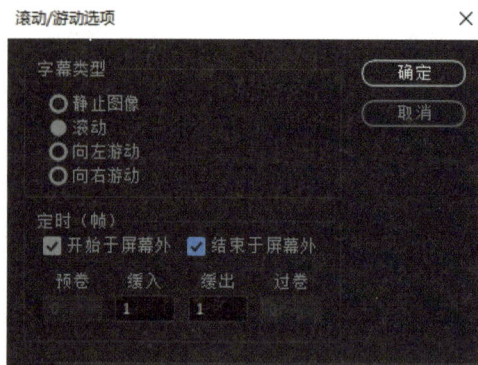

图 7-35　滚动字幕设置

2. 编辑旧版标题样式

编辑旧版标题样式，只需双击项目或时间轴上的字幕素材，返回旧版标题窗口，在窗口的"属性"面板，按照自己的要求对字幕进行调节即可，也可套用旧版标题预设样式，如图 7-36 所示。

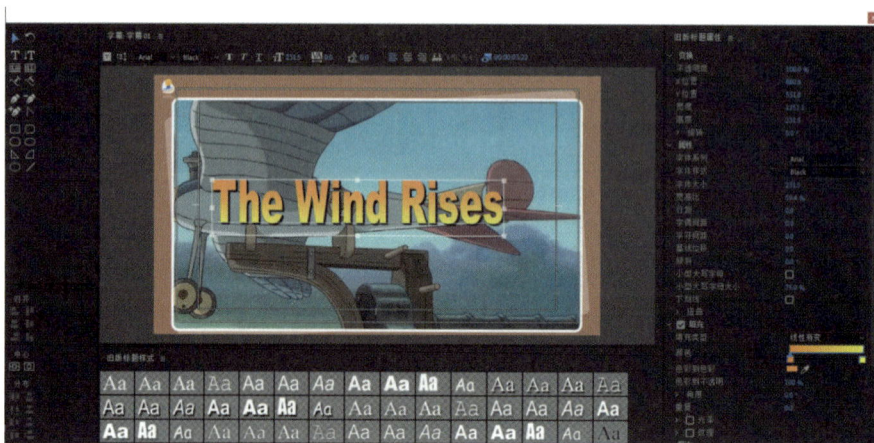

图 7-36　编辑旧版标题样式

专家指导

在使用旧版标题时，如果输入的文字成了乱码，只需将字体调整成中文字体即可显示正常。

任务 3　音频处理

音频在剪辑中发挥的作用不言而喻，BGM、人声、音效等都属于音频范畴，Premiere 对音频的处理功能主要集中在音量、声道、音色的调节上。

本任务重点从以下两个方面展开讲解：

➤ 音频面板

➤ 音频基础调节

一、音频面板

匹配合适的声音是视频作品必不可少的组成部分。要对声音进行处理，首先要了解音频工作的几个重要面板。

1. 音频波形图

时间轴上的每个音频都有对应的音频波形图（如图 7-37 所示），由波形图的呈现就能了解到声音声调、音量的变化。

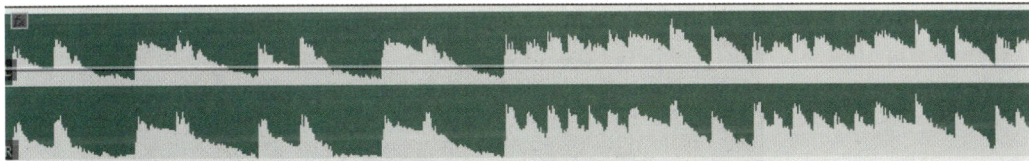

图 7-37　音频波形图

（1）波形图振幅代表了声音的响度，即波形上下的高度。波形越高，声音响度越大，音量越大，反之越小，如图 7-38 所示。

图 7-38　声音响度

（2）波形图频率代表声音的音调，即波形的疏密程度，波形越密集，声音音调越尖锐，反之越钝厚，如图 7-39 所示。

音
调

图 7-39　声音音调

2. 音轨混合器

在音轨混合器面板中，可以对音频音量、声道进行调节，其面板整体界面显示如图 7-40 所示。

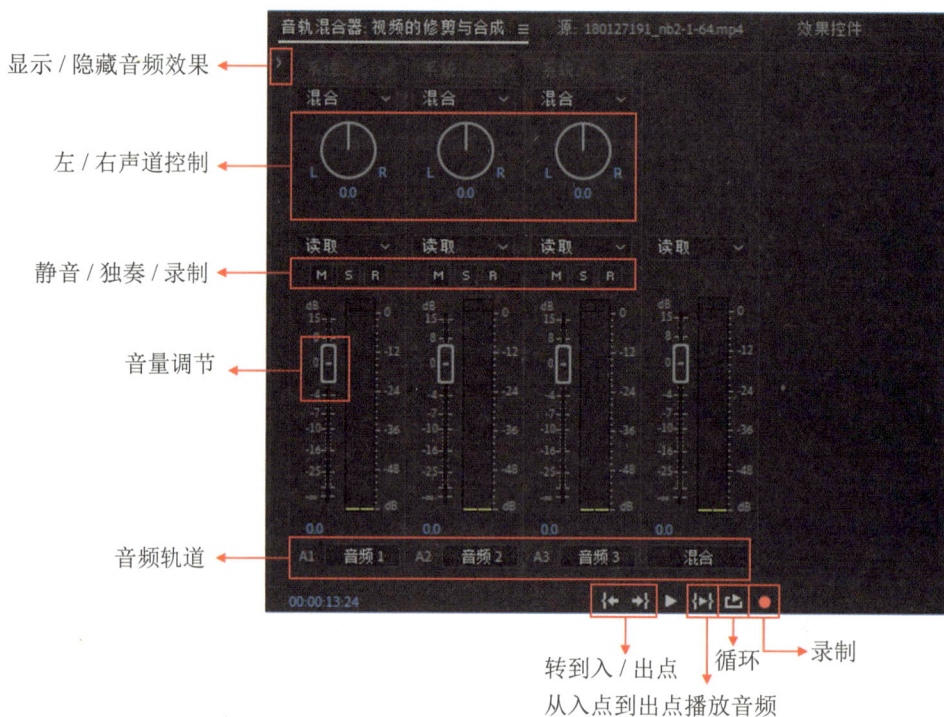

显示 / 隐藏音频效果

左 / 右声道控制

静音 / 独奏 / 录制

音量调节

音频轨道

转到入 / 出点
从入点到出点播放音频
循环
录制

图 7-40　音轨混合器

（1）显示 / 隐藏音频效果：用来打开音频的效果调节面板。

（2）左 / 右声道控制：调节左右声道——L（左声道），R（右声道）。

（3）音量调节：调节音频的音量。

（4）音频轨道：对应时间轴上的音频轨。

（5）转到入 / 出点：播放指针跳转到音频的入 / 出点。

（6）从入点到出点播放音频：播放音频入点到出点的部分。

（7）循环：循环播放音频。

（8）录制：点击开始录制音频素材文件。

3. 音频仪表

很多初学者会误以为自己在剪辑时听到的音量就是视频的实际音量，但当视频在其他设备上播放时，会发现误差很大，要么声音炸耳，要么声音小到听不清。这就是音量的判断失误，借助音频仪表就可以解决这个问题。

（1）当音频仪表触及或超过 0 dB 时，如图 7-41（a）所示，则代表音量过爆。

（2）当音频仪表过低时（小于 −24 dB），如图 7-41（b）所示，则代表音量过小。

（3）当音频仪表在 −12 dB 左右浮动时，如图 7-41（c）所示，则代表音量合理。

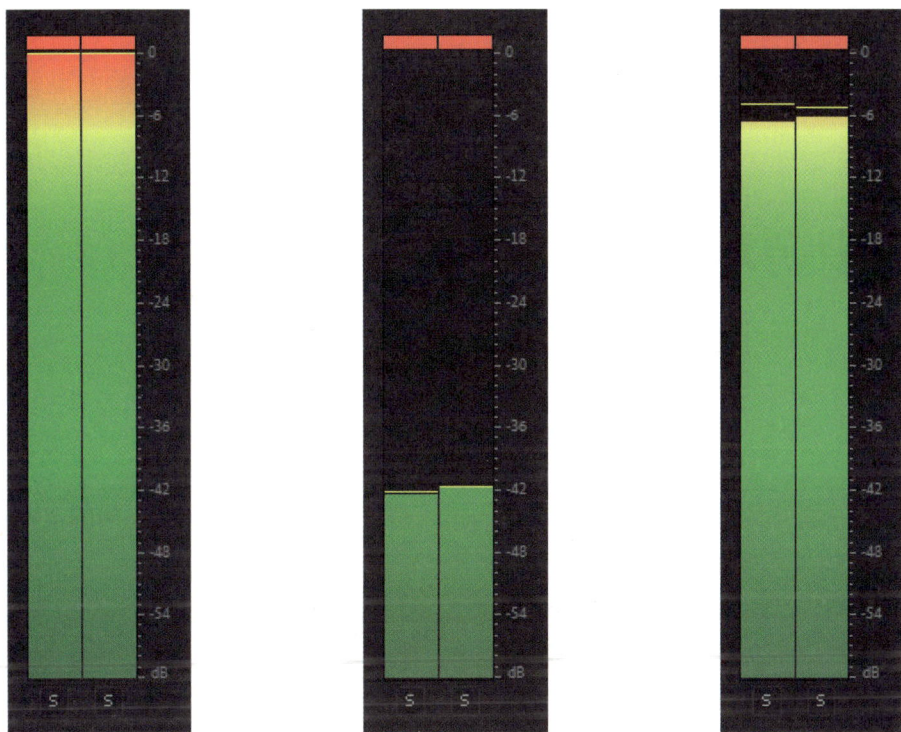

（a）音频过爆　　　　　　（b）音频过小　　　　　　（c）音频正常

图 7-41　音频仪表

二、音频基础调节

在对短视频作品进行音频基础调节时，主要操作就是调节音量、调节声道，以及制作声音淡入淡出效果。

1. 调节音量

调节音量最简单的方法就是调节音量线。选中时间轴上的音频素材，在音频轨上对其拉升，音频素材中间就会出现音量线，如图 7-42 所示。用鼠标对音量线进行上下拖动，即可调节音量大小。

注意：调节音量线和用音轨混合器调节音量，其实是同样的操作。

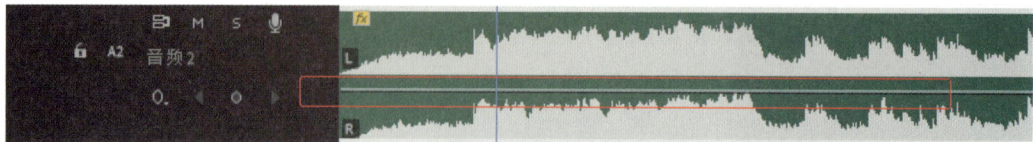

图 7-42　音量线

当采集的音源过强或过弱时，调节音量线已经不能满足需要。在这种情况下，音频增益就派上用场了。右键单击音源素材，在弹出菜单中选择"音频增益"，如图 7-43 所示。

图 7-43　音频增益

根据实际需要调整增益值，提升音量输入正数，降低音量输入负数。如图 7-44 所示。

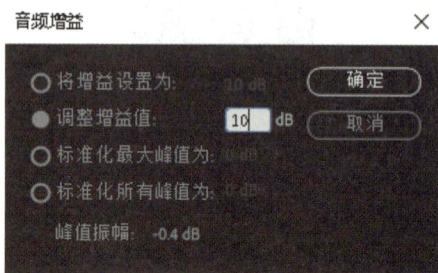

图 7-44　调整增益值

2. 调节声道

左右声道是控制人耳听觉感受的声音通道。在现场录制音频，由于环境干扰，收音时经常会出现左右声道的偏差，因此要通过后期来平衡。或者在剪辑时，要营造"从左到右"声音环绕的效果，这可以通过调节声道来达到。

（1）调节整个音轨的声道：打开音轨混合器，在对应音轨上调节左右声道即可，如图 7-45 所示。

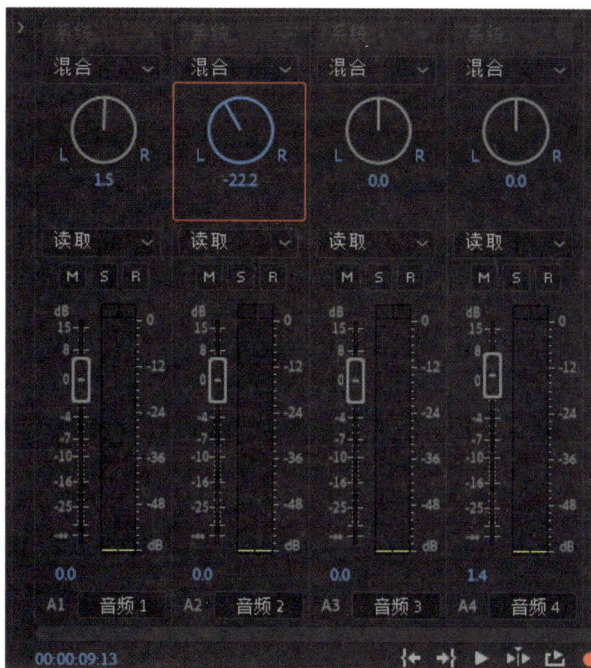

图 7-45　左右声道调节

（2）调节单个音频的声道：选中音频素材，打开"效果控件"面板，改变"通道音量"命令下的左/右侧 dB 值即可调节声道，如图 7-46 所示。

① 旁路：暂时消除调整效果的作用，用来与原声进行对比。

② 左/右侧：左/右耳声音通道。

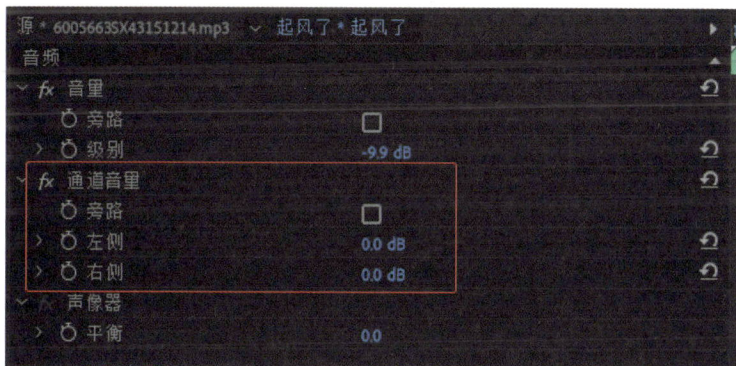

图 7-46　通道音量调节

3. 制作声音淡入淡出效果

为了使不同音频的衔接更加和谐，如人声与背景音乐的衔接、转场音效与人声的衔接等，在剪辑时经常要对音频素材添加淡入淡出效果。

选中工具面板上的钢笔工具（），在音频素材音量线上选择淡入淡出的起始位置单击，各添加一个关键帧，如图 7-47 所示。

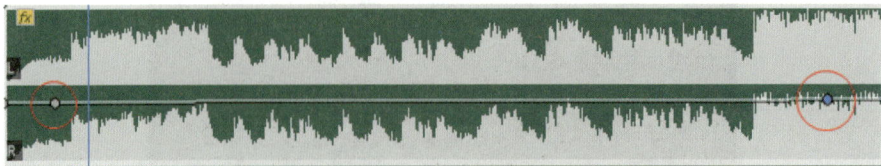

图 7-47　音频关键帧

将鼠标分别放在素材开头和结尾位置，并按住左键向下拖动，即可制作声音淡入淡出效果，如图 7-48 所示。

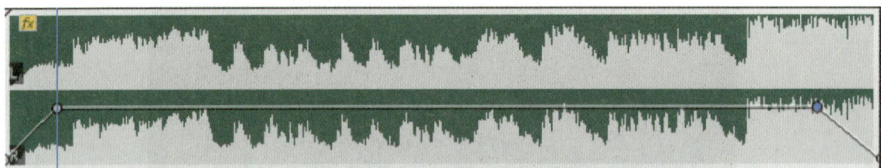

图 7-48　声音淡入淡出

任务 4　视频渲染与导出

视频制作完成后，需要对视频进行渲染、导出，保存为本地视频，以便对视频进行留存和传输。而且在 Premiere 学习的过程中，无论视频制作的难度是简单还是复杂的，要形成完整的视频，视频导出操作是必不可少的环节，也是完整剪辑项目工作流程的终点。

本任务主要从以下三个方面展开讲解：

➤ 视频渲染
➤ 视频导出设置
➤ 工程文件打包

一、视频渲染

渲染是一种不生成影片的播放方式，但是 Premiere 会在后台生成渲染文件，生成的渲染文件自动保存在缓存文件中。使用渲染，有助于操作者在预览及编辑视频时增加流畅度；在导出时，能缩短导出时间。

1. 渲染项目

时间轴的时间标尺刻度上有实时渲染状态的指示条，不同的颜色代表着实时渲染的完成度，如图 7-49 所示。

（1）绿色指示条：绿色表示已渲染部分，实时预览非常流畅。

（2）黄色指示条：黄色表示未渲染部分，但不需要渲染即可实时预览。

（3）红色指示条：红色表示未渲染部分，实时预览会卡顿。

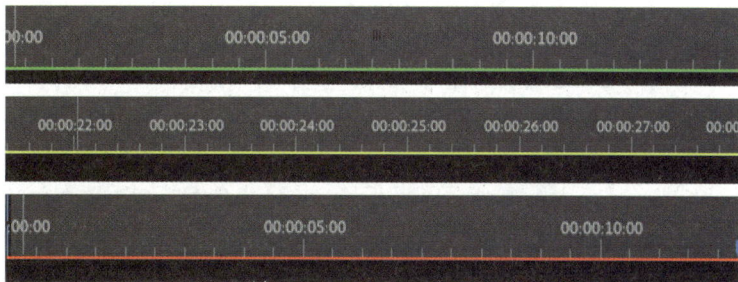

图 7-49　渲染状态指示条

对红色指示条部分进行渲染，需设置入点和出点，执行"序列—渲染入点到出点"命令，或按回车键，Premiere 会在渲染窗口中显示渲染的文件数量、帧数、预计时间等信息，如图 7-50 所示。

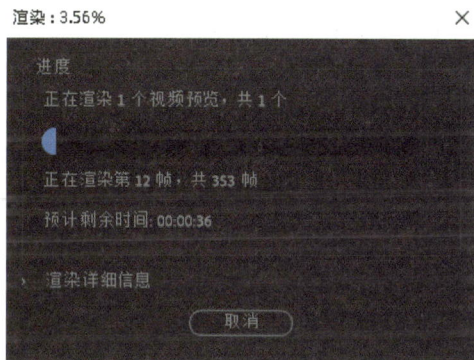

图 7-50　渲染进度

2. 渲染和替换

在剪辑过程中，当序列中有部分素材难以播放，或预览序列时出现丢帧现象时，这时可以使用渲染和替换功能，把它们渲染成一个新的素材文件，新生成的渲染文件不会出现卡顿的现象。

右击要渲染和替换的素材，在弹出菜单中选择"渲染和替换"选项，出现如图 7-51 所示对话框。在对话框中设置新生成的文件格式、预设等参数，完成后点击"确定"按钮，新生成的渲染文件即可替换掉原始素材文件。

图 7-51　渲染和替换

二、视频导出设置

Premiere 支持导出多种类型的文件，根据不同的导出目的选择不同的导出格式。如果想输出文件后可存放或观看，可以选择 H.264 格式；若只想导出音频，选择 MP3 格式即可。

1. 输出设置

在视频编辑完成后，选中时间轴窗口，选择菜单栏中的"文件—导出—媒体"命令（快捷键"Ctrl+M"），即可调出"导出设置"对话框，可以对导出的各项参数进行设置，如图 7-52 所示。

图 7-52　导出设置

（1）与序列设置匹配：选中后，只能对导出名称进行修改，其他参数与序列设置保持一致。

（2）格式：在下拉列表中选择需要导出的文件格式，如图 7-53 所示（为方便排版，截图被截成上下两个部分，完整的"格式"菜单见二维码）。

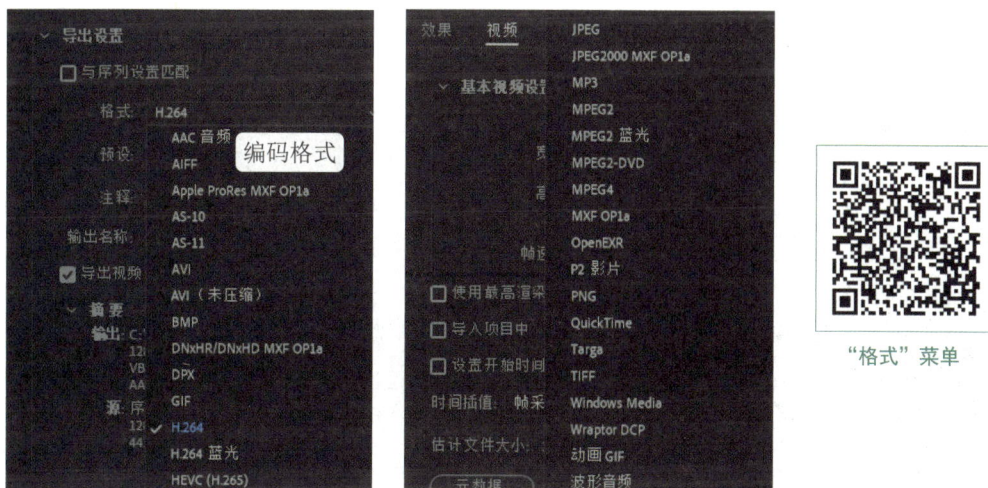

"格式"菜单

图 7-53　导出格式

（3）预设：设置视频的编码配置，如 720P、1080P 等。

（4）输出名称：设置视频导出的文件名称及保存位置。

（5）使用最高渲染：可提供更高质量的缩放，但延长了编码时间。

（6）使用预览：如果 Premiere 已生成预览文件，选择此选项的结果是使用这些预览文件并加快渲染。

以上就是在导出视频时，操作者需要根据个人情况进行设置的参数，其他参数保持默认即可。设置完成后，点击"导出"等待完成即可。

2. 批量导出

当要处理多个视频导出时，使用 Premiere 效率太慢，这时可以借助 Adobe Media Encoder（ME）编码软件进行批量导出。

当电脑安装了 ME 软件，在 Premiere 中想要批量导出视频时，只需在"导出设置"对话框中单击"队列"，如图 7-54 所示。添加队列后，ME 中就会显示刚添加的序列。

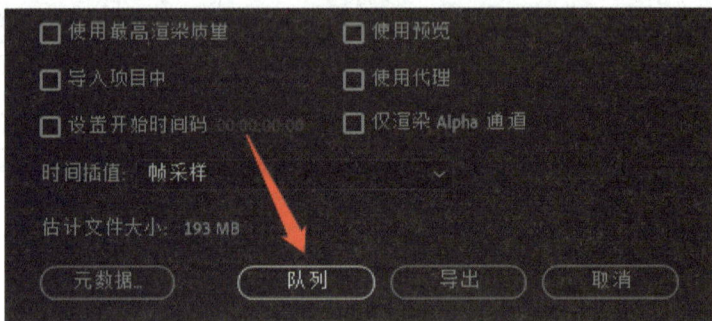

图 7-54　添加队列

当完成多个导出序列添加后，单击 ME"队列"面板右上角的启动队列按钮（▶），就可以同时执行队列中的编码任务，如图 7-55 所示。

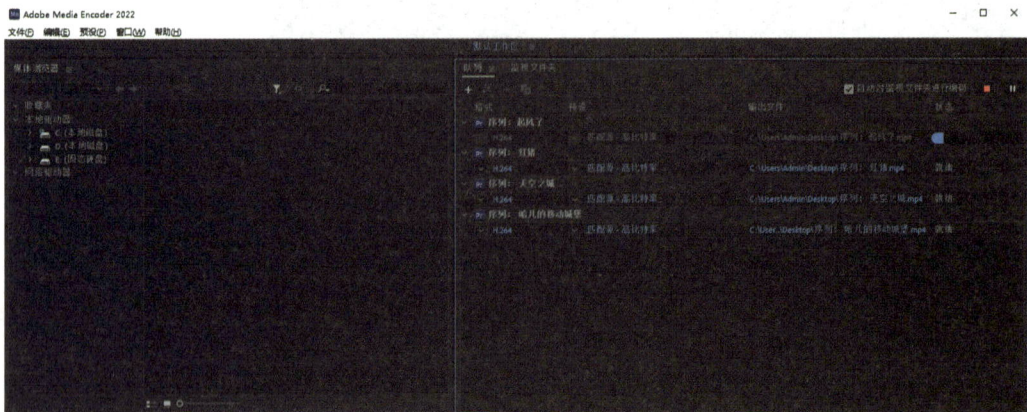

图 7-55　ME 批量导出

三、工程文件打包

在工作中经常会遇到需要打包工程文件的情况，如更换设备后，需要在新设备上继续剪辑项目，或留存工程文件方便下次使用等。

执行"文件—项目管理"命令，打开"项目管理器"对话框，勾选需要打包的序列和选项，并选择工程文件保存位置，如图 7-56 所示。

图 7-56　项目管理

（1）收集文件并复制到新位置：Premiere 会自动收集并备份整个序列用到的素材。假设整个序列时间是 70 秒，那么 Premiere 将会把这 70 秒中用到的所有源素材及设置效果进行备份，并复制到目标路径。

（2）整合并转码：将收集的素材文件，转码为统一格式，进一步优化工程文件大小，所有转码的文件都将与项目一起放置到新位置。

如果只是想归档备份工程文件，下次需要修改的时候还能随意编辑，选第一种"收集文件并复制到新位置"。如果项目已经交付，之后改动也不大，想缩小工程文件文件夹大小，节省硬盘空间，推荐选第二个"整合并转码"。

工程文件打包完成后，会在目标路径位置生成一个带"已复制"前缀项目名称的文件夹，点击进入后，会看到一个后缀为"prproj"的文件，如图7-57所示，点击该文件，即可重新打开完整的剪辑项目。

图 7-57 已复制的工程文件

课程实践

本项目的实践环节共有4个任务，请同学们参照配套实训书，完成任务。

任务序号	实训名称	主要工作内容
1	剪辑基础操作练习	完成视频修剪、字幕添加、音频处理、视频导出等操作练习
2	运动视频简单剪辑实例	完成视频基础修剪训练
3	音频属性调节实例	完成音频属性调节训练
4	电影演员表字幕制作实例	完成滚动字幕制作训练

课后思考

回顾本项目内容，回答以下问题：

1. 什么是蒙太奇？短视频中应用最多的蒙太奇手法是什么？

2. 在 Premiere 的音频波形图上可以看出声音的哪些变化？

3. 要将未完成的剪辑工程文件转移到新设备上继续编辑，该怎么做呢？

延伸拓展

扫码阅读以下学习资源，拓展自己的知识和视野。

文章 1：短视频粗剪与精剪

文章 2：利用 Arctime 快速上字幕

文章 3：图片、音效、视频资源网站合集

文章 1　　　　　文章 2　　　　　文章 3

思政园地

玩短视频的"斗拱爷爷"：古建筑的守护者

思政元素：爱岗敬业、工匠精神。

在山西，古建筑如星辰般点缀，诉说着千年的故事。在这片充满历史底蕴的地方，有一位 75 岁的老人，用他的一生去守护和研究这些古建筑，他就是被大家称为"斗拱爷爷"的王永先。

王永先出生在山西——一个几乎村村都有古建筑遗迹的地方。第三次全国文物普查数据，以及山西省文物局网站的相关信息显示，山西现有不可移动文物53 875 处，其中古建筑有 28 027 处。山西的全国重点文物保护单位有 531 处，位居全国第一。"我从小就在这样的环境中长大，耳濡目染，经常能看到很多古建筑。"王永先回忆道。这些古建筑不仅是他童年的记忆，更是他一生事业的起点。1972 年，王永先通过考试正式加入了山西文物保护的队伍，从此开始了长达半个世纪的古建筑保护和研究工作。

在王永先看来，斗拱是古建筑中极具代表性的构件，也是理解古建筑的一把钥匙。"斗拱拆开了就是一个'斗'和一个'拱'，在它们的基础上再进行复杂的组合。"王永先解释道，"我想通过斗拱这个突破口，让大家更快地了解古建筑。"慢慢地，"斗拱爷爷"这个称号也在网络上逐渐传开，成为他独特的标识。在短视频平台上，王永先收获了全网上百万的粉丝支持和鼓励。有的粉丝留言称他为"敬业精神的典范"，有的则感叹通过他的视频学到了很多专业知识。"看到这些留言，我感到非常欣慰和感动。"王永先说，"这说明我的工作是有意义的，我的付出是值得的。"

（资料来源：玩短视频的"斗拱爷爷"：古建筑的守护者｜面孔 [EB/OL].（2024-11-28）[2024-11-29].https://baijiahao.baidu.com/s?id=1816930929935007655&wfr=spider&for=pc）

思考与讨论

1. 以上案例说明了什么？
2. 短视频的发展对中国文化传承有什么意义？

08

项目八　视频运动调节

项目内容

　　本项目主要针对效果控件的使用、关键帧的原理及运用方法展开翔实讲解，涉及的知识与技能是 Premiere 动画制作的关键。掌握本项目内容，可以为视频制作关键帧动画、蒙版转场等高级效果，丰富动画元素，提升视频品质。

建议课时：10 课时

⋆⋆⋆

学习目标

知识目标	技能目标	思政素养目标
• 能说出运动、不透明度及时间重映射的主要用途； • 能解释蒙版的原理； • 能概述关键帧的原理及运用方法。	• 能运用效果控件调整视频画面属性； • 能使用关键帧制作动画效果； • 能运用蒙版制作转场效果。	• 培养创新意识； • 培养实事求是、求真务实的工作态度； • 强化沟通交流的能力。

课程导图

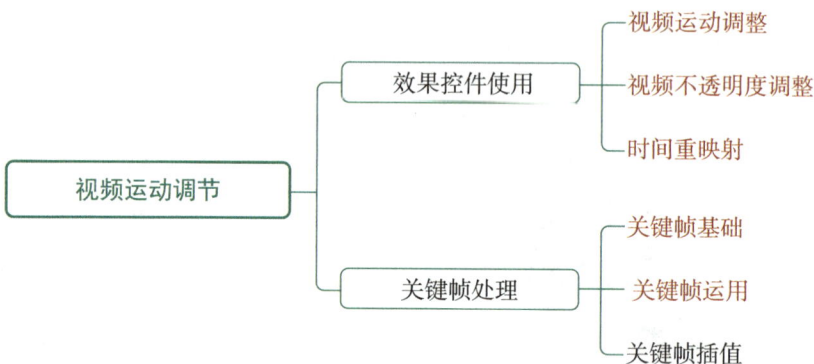

案例导入

小万前不久完成了家乡文化宣传短视频的剪辑，虽然想要表达的内容已经传递出来了，但从制作角度来看，视频整体上还是比较粗糙，远未达到优质的水准，于是小万便想着融入一些动画效果来丰富画面。但他空有想法却不知道如何操作，上网观看了许多教程，都是知其然不知其所以然，没办法融会贯通。

所谓实践出真知，小万跟着教程在练习的过程中观察到，无论要做什么动画效果，都离不开效果控件和关键帧，它们是串联各种动画的主线，是学习剪辑必须掌握的能力点。找到了方法，小万立马投入时间进行深度学习，很快就掌握了它们的原理及运用方法。

小万再回过头去看教程，立马拨云见日，不仅学习效率倍增，对 Premiere 的理解也更加精进了。之后小万运用所学知识，在家乡文化宣传视频上制作了几种关键帧动画，使视频品质有了很大提升。

【思考】

认真思考以下问题，并带着疑问进入课堂寻找答案吧。

1. 视频的画中画效果是怎么实现的呢？

2. 在 Premiere 中要让某段素材逐渐放大，具体要怎样操作呢？

3. 想要制作电影里的镜头变速效果，应该怎么做呢？

任务 1　效果控件使用

在 Premiere 时间轴上选中的素材，在效果控件面板都会显示三个固定的属性效果，它们分别是"运动"、"不透明度"和"时间重映射"，这三个属性在调整视频效果时使用最为频繁，因此也被称素材的基本属性。

本任务主要从以下三个方面展开讲解：

➤ 视频运动调整

➤ 视频不透明度调整

➤ 时间重映射

一、视频运动调整

在时间轴上选中素材，打开效果控件面板。单击 ▶ 按钮，展开"运动"效果的子菜单栏，可以看到如图 8-1 所示五项命令。

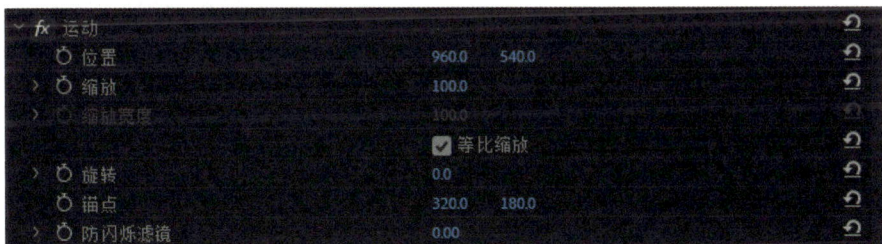

图 8-1　运动属性

1. 认识运动属性

运动属性的五项命令作用如下所示。

（1）位置：素材在画面中显示的位置，数值分别对应 X 及 Y 轴，坐标由图像锚点的位置得到。

（2）缩放：调整数值进行放大、缩小，100% 是默认状态。当输入大于 100% 的值时，则图像放大；反之缩小。当取消勾选"等比缩放"时，则显示"缩放高度"和"缩放宽度"，高、宽需单独调节，不再按比例缩放。

（3）旋转：围绕锚点旋转，调整数值改变旋转的度数。

（4）锚点：相当于圆规的圆心，是剪辑的中心点。默认情况下，锚点位于素材中心位置，如图 8-2 所示；当然，也可以由操作者自行调节锚点位置，如图 8-3 所示；

图 8-2　默认锚点位置

图 8-3　自由调节锚点位置

（5）防闪烁滤镜：在编辑过程中，包含丰富细节的素材可能会发生闪烁，如细线、锐利边缘、摩尔纹等，使用此功能可以减少闪烁效果。

2. 调整运动属性

要对运动属性进行调整，只需在每个命令后输入数值或左右拖动数值，就能调整属性参数，如图 8-4 所示。

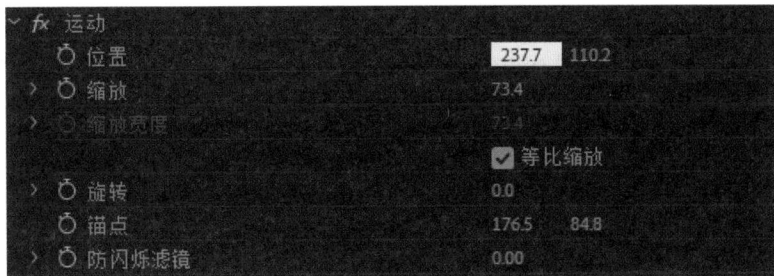

图 8-4　调整运动参数

还可以在节目监视器中直接调整运动属性。单击运动属性栏，节目监视器中会显示素材边框（如图 8-5 所示），将鼠标放在边框的不同位置，对边框进行移动、缩放、旋转等，就能直接改变对应属性参数。

另外，点击重置按钮（），即可重置该命令参数，使其回到初始状态。

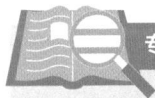

图 8-5　利用节目监视器调整运动参数

专家指导

调整完运动属性后，如果想要将该属性应用到多个素材，只需右击运动属性栏，选择"复制"，然后在时间轴上选中其他素材，右键选择"粘贴属性"选项即可。

二、视频不透明度调整

"不透明度"用来控制素材的透明程度。选择素材，打开效果控件找到"不透明度"，展开菜单栏可以看到如图 8-6 所示功能。

图 8-6　不透明度属性

1. 调整不透明度

通过调整不透明度数值可以改变素材的透明度。当两个素材重叠时，调整上方素材透明度数值逐渐变小，其画面会逐渐变得透明，变化如图 8-7 所示。

调整上层素材（湖泊）
不透明程度

100%

50%

0%

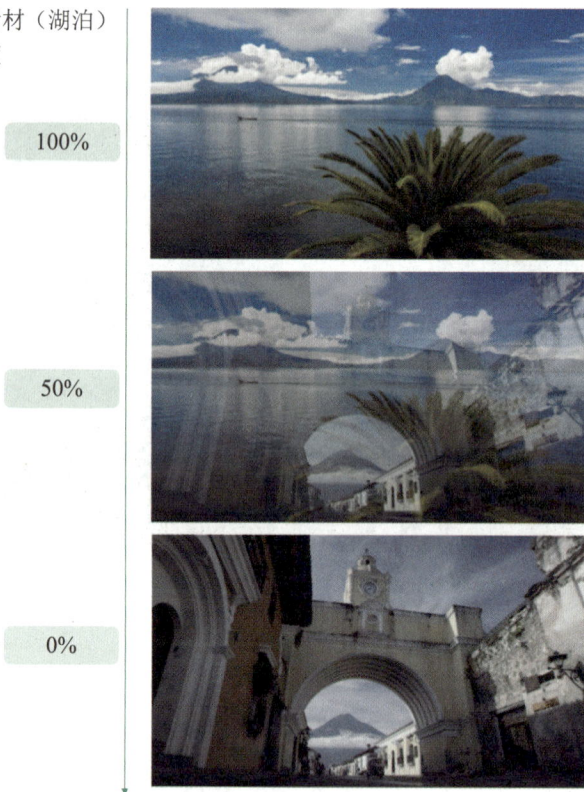

图 8-7　不透明度变化

"混合模式"用于素材文件的叠加混合，展开其下拉菜单，可以看到如图 8-8 所示的多种混合模式，功能概括如下：

正常类别	减色类别	加色类别	复杂类别	差值类别	HSL 类别

正常	变暗	变亮	✓叠加	差值	色相
溶解	相乘	滤色	柔光	排除	饱和度
	颜色加深	颜色减淡	强光	相减	颜色
	线性加深	线性减淡（添加）	亮光	相除	发光度
	深色	浅色	线性光		
			点光		
			强混合		

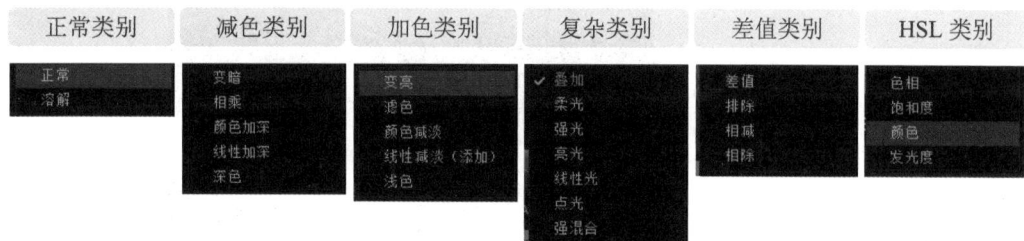

图 8-8　不透明度变化

（1）正常类别："正常"只显示结果色，"溶解"素材重叠部分多了颗粒感。

（2）减色类别：素材重叠部分只显示暗的部分，亮的部分会被去除掉。

（3）加色类别：素材重叠部分只显示亮的部分，暗的部分会被去除掉。

（4）复杂类别：素材重叠部分把中间调去掉，只保留亮的部分和暗的部分，会使颜色亮的更亮、暗的更暗。

（5）差值类别：这些模式会根据源颜色和基础颜色的插值创建颜色。

（6）HSL 类别：这些模式会将颜色的 HSL 表示形式（色相、饱和度和发光度）中的一个或多个分量从基础颜色转换为结果颜色。

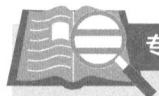

专家指导

在操作时，可以用鼠标指向"混合模式"下拉列表框并滚动鼠标滚轮，快速变换混合模式类型，方便浏览并选用合适的混合模式。

2. 使用蒙版

"蒙版"一词来自生活应用，也就是"蒙在上面的板子"的含义。蒙版并不是一个效果，而是一个工具，它的作用在于遮挡，用于控制一部分区域的效果是显示或者隐藏。选框的外部是蒙版，选框的内部是选区。

（1）蒙版工具：当选中素材时，在"不透明度"属性下就能看到三个工具，分别是椭圆、矩形及钢笔工具，这些工具统称为蒙版工具，用它们就能绘制出各种蒙版形状，效果如图 8-9 所示，

图 8-9　绘制不透明度蒙版

　　另外，当给素材添加了新的效果时，在"效果控件"面板展开该效果，同样可以看到这三个工具，如图 8-10 所示。

图 8-10　其他效果蒙版

　　（2）绘制蒙版：选中蒙版工具，在节目监视器窗口上直接绘制即可。

　　① 鼠标左键点击添加锚点，选中锚点并按住左键拖动可以移动锚点。

　　② 锚点添加错误按住"Ctrl+Z"撤销；如果路径已闭合，按"Ctrl+ 左键"删除锚点。

　　③ 按住"Alt+ 左键"转换锚点，使其变为可调节曲线。

　　（3）蒙版参数：当选中蒙版工具后，会看到工具下新增了很多参数，面板如图 8-11 所示。

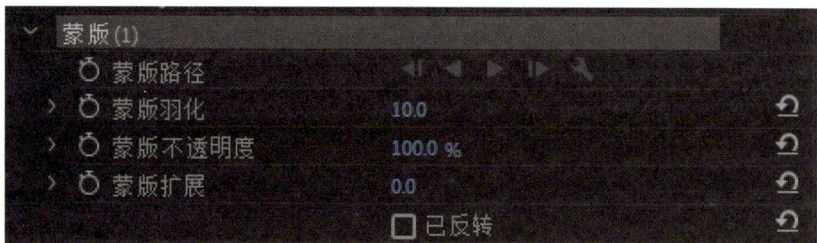

图 8-11　蒙版参数

单击"蒙版路径" 秒表,可以为形状蒙版添加位移动画。蒙版路径右侧有五个按钮,如图 8-11 所示。

① 向前 / 后跟踪所选蒙版即跟踪当前帧至出 / 入点的蒙版。

② 向前 / 后跟踪一帧即跟踪当前帧的下 / 上一帧的蒙版。

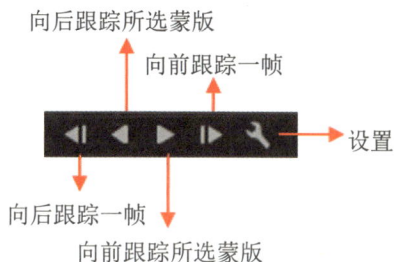

图 8-11　蒙版按钮

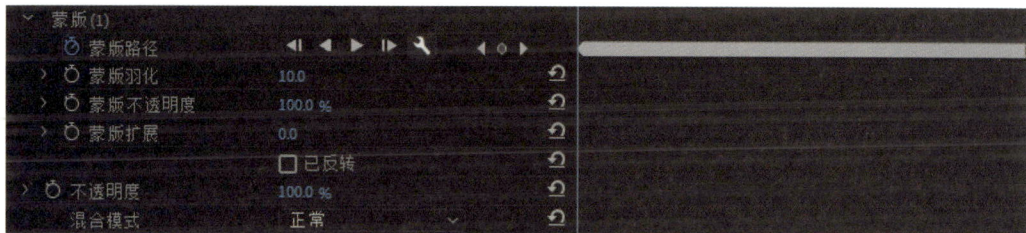

图 8-12　蒙版跟踪

当蒙版路径绘制完成后,点击"跟踪",系统就会通过计算当前帧蒙版,来自动绘制之前或之后的蒙版,如图 8-12 所示。

①"蒙版羽化"可以使蒙版边缘虚化,增加柔化效果。

②"蒙版不透明度"控制选区内图像的不透明度。

③"蒙版扩展"可以在当前蒙版区域的基础上进行扩展,正数为向外扩展,负数为向内扩展。

(4)蒙版效果:当给素材添加某个效果,并用蒙版工具绘制了选区,则蒙版会控制效果只给选区内的画面生效。

例　　给素材添加马赛克效果并绘制了蒙版，调整马赛克数值，效果如图 8-13 所示。可以看出，马赛克效果只在选区内有，蒙版区域没有。

图 8-13　蒙版效果区域

专家指导

在复杂的画面下，系统自动绘制的蒙版精度远远不够，这就需要操作者在跟踪后对偏差帧进行手动调整。

三、时间重映射

时间重映射（time remapping）就是将录制速率映射成回放速率。它与使用比率拉伸工具、速度/持续时间相比，最大的优势是可以设置渐变过渡，控制上更简单直观。

1. 认识时间重映射

时间重映射可以改变素材的播放速度，实现加速、减速、静止、倒放等镜头效果，使视频画面产生节奏变化。拉高素材所在视频轨，右键点击素材左上方的 fx，选择"时间重映射—速度"，如图 8-14 所示。

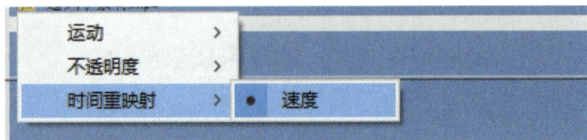

图 8-14　fx—时间重映射

打开"时间重映射"就能看到素材中间出现了一条线，这条线即速率线，如图 8-15 所示，时间重映射的调整操作要在这条线上完成。调整的速度、速率值会在效果控件面板同步显示，如图 8-16 所示。

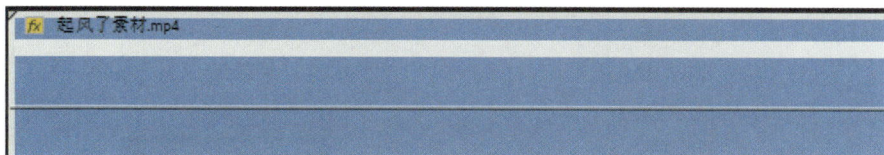

图 8-15　速率线

图 8-16　速度和速率值

2. 使用时间重映射

（1）快放/慢放：按住"Ctrl+左键"，即可在速率线上设置节点（关键帧），将两个节点中间的线向上/下拖动，即可实现节点范围内素材的加速/减速。如图 8-17 所示数值，即快放速率 150%。

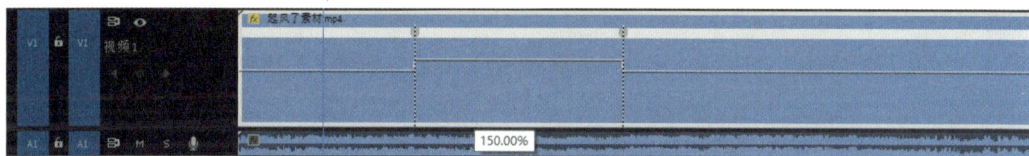

图 8-17　时间重映射速率

为了让速度变化更加平滑、自然，可将节点分开，调节贝塞尔曲线，实现缓入缓出的渐变过渡，如图 8-18 所示。

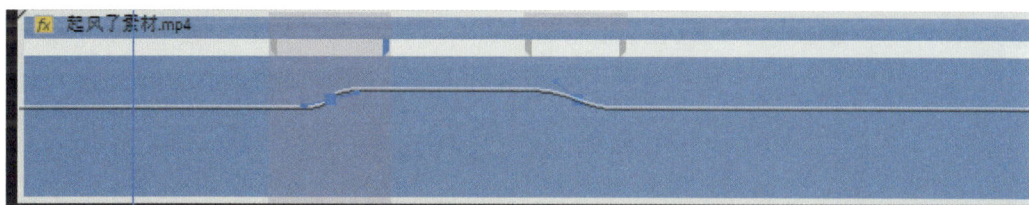

图 8-18　平滑曲线

如果前期素材拍摄的帧数不够，则慢放时会出现画面不流畅或卡顿的情况，这时就要使用"时间插值"进行补帧，右击素材选择"时间插值—光流法"，让慢放生成的视频更平滑、流畅，如图 8-19 所示。

图 8-19　时间插值

（2）静止：将时间线移动到需要静止的那一帧，同时按住"Ctrl+Alt"对节点进行拖动，拖动距离就是静止时间的长度，如图 8-20 所示。

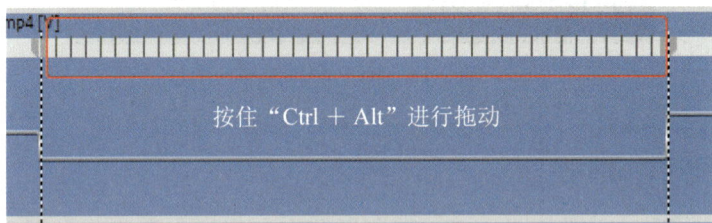

图 8-20　静止

（3）倒放：选中要倒放的节点，按住 Ctrl 对节点进行拖动，将会对此节点之前的画面进行倒放，如图 8-21 所示。

图 8-21　倒放

（4）移动 / 删除节点：按住 Alt 拖动节点，可移动节点位置；选中节点后，按 Delete 键即可删除节点。

任务 2　关键帧处理

在 Premiere 中，关键帧是极其重要的内容，它可以配合运动、不透明度、效果等制作出色的动画效果，是视频动画制作中必须掌握的。

本任务主要从以下三个方面展开讲解：

➤ 关键帧基础

➤ 关键帧运用

➤ 关键帧插值

一、关键帧基础

前面项目内容中也曾多次提到关键帧，那关键帧到底是什么呢？下面就从关键帧的底层原理角度进行详细讲解。

1. 认识帧

帧是影像动画中最小单位的单幅影像画面，相当于电影胶片上的每一格镜头。一帧就是一幅静止的画面，连续的帧就形成动画。在 Premiere 的时间轴上，帧表现为一格，帧画面如图 8-22 所示。

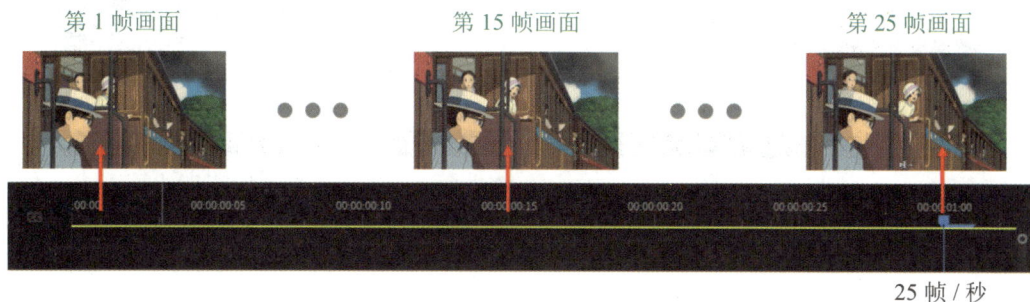

第 1 帧画面　　　　　　　第 15 帧画面　　　　　　　第 25 帧画面

25 帧 / 秒

图 8-22　帧画面

帧数就是 1 秒钟播放的画面数量，通常用 fps（frames per second）表示。理论上来说，同样时间内播放的帧数越多，画面看起来越流畅，如图 8-23 所示。根据人眼的视觉停留特性，1 秒钟播放 24 帧，是视觉感知画面流畅不卡顿的最低要求。

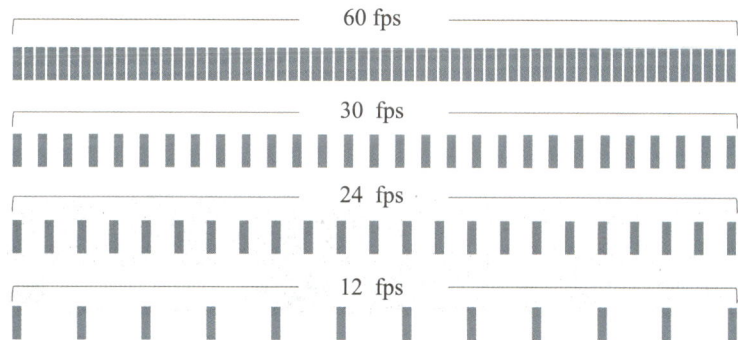

60 fps

30 fps

24 fps

12 fps

图 8-23　帧数示意

2. 关键帧原理

关键帧指角色或者物体运动变化中关键动作所处的那一帧，在 Premiere 中关键帧呈现为一个菱形（◈）标记。

通过设置关键帧，可以使时间轴上某一点逐渐变化到另一点。结合如图 8-24 所示实例，给某素材分别在 00:00:20 和 00:00:30 处打上了 A、B 两个关键帧，在关键帧 A 点的缩放比例是 100%，在关键帧 B 点的缩放比例是 200%。那么，该素材会从关键帧 A 处逐渐放大，直至到达关键帧 B，中间画面由系统自动计算，此过程就是缩放关键帧动画。制作关键帧动画最少需要 2 个关键帧，一个处于参数变化的起始位置，另一个处于参数变化的结束位置。

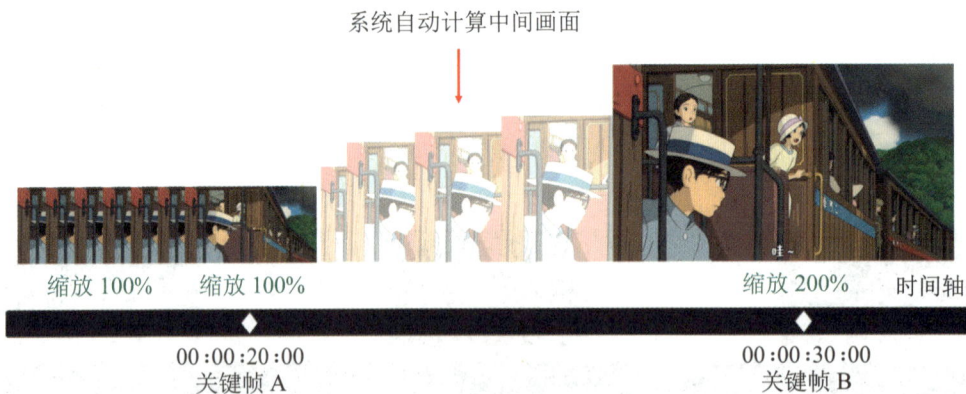

图 8-24　关键帧直观演示

二、关键帧运用

打开效果控件面板，每个属性左侧都有一个切换动画按钮（），也叫作秒表，此按钮为关键帧的激活按钮。

1. 添加 / 移除关键帧

将指针移至要打关键帧的时间点，点击属性秒表，即可创建第一个关键帧，同时秒表外观会改变，右侧出现"添加 / 移除关键帧"，如图 8-25 所示。

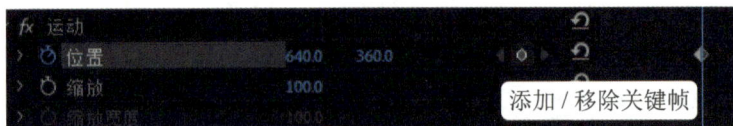

图 8-25　添加 / 移除关键帧

移动指针，单击添加 / 移除关键帧按钮，此时出现第二个关键帧，并根据需要调节参数即可创建关键帧动画，如图 8-26 所示。

图 8-26　添加关键帧

删除单个或多个关键帧，只需选中关键帧后按 Delete 键即可删除；删除全部关键帧，只需点击秒表（⏱）取消激活，即可删除该属性的所有关键帧。

2. 选择 / 移动关键帧

关键帧添加完成后，如果要对某个关键帧数值进行修改，必须将指针移动至该关键帧位置才可进行调整，如图 8-27 所示。

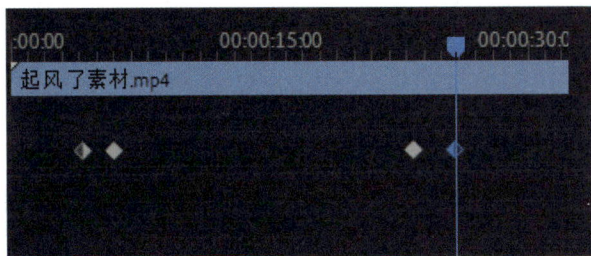

图 8-27　选择关键帧

选择关键帧比较便捷的方法有两种：一是点击添加 / 移除关键帧旁的选择上 / 下一关键帧按钮（◀◆▶），快速跳转；二是按住 Shift 键向关键帧方向拖动，指针会自动与关键帧对齐。当添加 / 移除关键帧按钮呈现 ◉ 状态时，表示指针位于关键帧上。

若要移动单个关键帧，只需在关键帧面板选中某一关键帧，按住鼠标左键将其左右拖动即可，如图 8-28 所示。

若要移动多个关键帧，按住鼠标左键在面板上框选，或按住 Shift 键鼠标左键点击关键帧，连续选中多个，再进行左右拖动即可，如图 8-29 所示。

图 8-28　移动单个关键帧

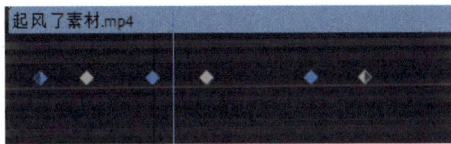

图 8-29　移动多个关键帧

3. 复制 / 粘贴关键帧

在制作视频动画时，经常会遇到不同素材使用同一组关键帧动画的情况，这就需要对关键帧进行复制和粘贴。

（1）同一个素材的关键帧复制：只需选中要复制的关键帧，按住"Ctrl+C"，再移动至要粘贴的时间点，按住"Ctrl+V"，即可完成关键帧复制，关键帧间隔不变，如图 8-30 所示。

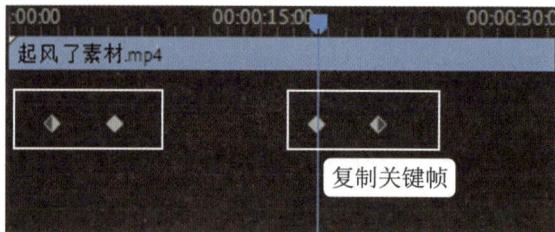

图 8-30　复制关键帧

（2）不同素材的关键帧复制：选中要复制的关键帧，并将指针移动至第一个关键帧位置（如图 8-31 所示），按"Ctrl+C"复制，切换素材并点击关键帧面板，按"Ctrl+V"粘贴，即可完成关键帧复制，且关键帧时间点不会发生变化。

图 8-31　选中关键帧

三、关键帧插值

普通的关键帧运动都是匀速的，不太符合自然的运动规律，利用插值就可以灵活调整关键帧的运动变化状态。

选中关键帧后右击，会出现"临时插值"和"空间插值"两种，如图 8-32 所示。

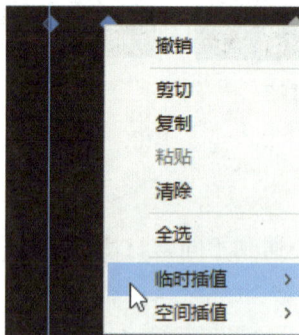

图 8-32　关键帧插值

1. 临时插值

临时插值可控制关键帧在时间线上的速度变化状态，共有如图 8-33 所示 7 种插值类型，但最常用的只有四种。

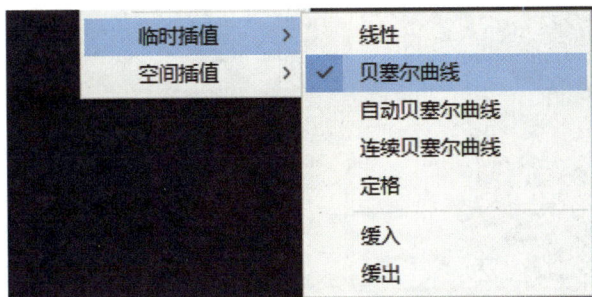

图 8-33　临时插值类型

（1）线性：使关键帧之间匀速变化。

（2）贝塞尔曲线：可以自由调整变化速率。点击 ⬛ 按钮展开菜单栏，即可看到速率线，如图 8-34 所示。速率线上将显示出该关键帧的节点，调节句柄可改变运动速率。

图 8-34　临时插值速率线

（3）缓入：减缓进入关键帧的值变化，视觉上由快到慢。

（4）缓出：逐渐加快离开关键帧的值变化，视觉上由慢到快。

2.空间插值

空间插值可控制关键帧的空间移动效果，共有如图 8-35 所示四种插值类型。贝塞尔曲线插值能够使移动路径呈现出平滑自然的特性，而线性插值则会产生较为强烈的直线性运动效果。

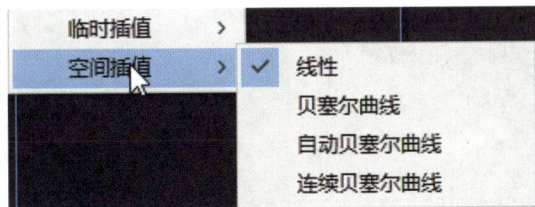

图 8-35　空间插值类型

（1）线性：关键帧两侧线段为直线，角度转折较为明显，在播放动画时会产生位置突变的感觉，如图 8-36 所示。

图 8-36　线性空间插值

（2）贝塞尔曲线：可以自由调节空间移动效果。在节目监视器中手动调节控制点两侧的句柄，来控制运动曲线，如图 8-37 所示。

图 8-37　贝塞尔曲线空间插值

（3）自动贝塞尔曲线：系统自动调整贝塞尔曲线控制点两侧的句柄。

（4）连续贝塞尔曲线：贝塞尔曲线句柄呈 180° 方向，如图 8-38 所示。

图 8-38　连续贝塞尔曲线空间插值

课程实践

本项目的实践环节共有 8 个任务，请同学们参照配套实训书，完成任务。

任务序号	实训名称	主要工作内容
1	效果控件基础操作练习	完成运动、不透明度、时间重映射及关键帧的操作练习
2	分屏电视墙制作实例	完成运动调整训练
3	卡点快闪制作实例	完成运动调整训练
4	电商产品出现制作实例	完成不透明度调整训练
5	蒙版转场实例	完成蒙版运用训练
6	坡度变速实例	完成时间重映射运用训练
7	希区柯克变焦实例	完成关键帧运用训练
8	图形动画制作实例	完成关键帧及图形综合制作训练

课后思考

回顾本项目内容，回答以下问题：

1. 联系之前所学知识，简要说明调节素材速度有哪些方式。

2. 关键帧插值有哪些类型？

3. 什么是蒙版？它的作用是什么？

延伸拓展

扫码阅读以下学习资源，拓展自己的知识和视野。

文章 1：Premiere 帧定格的使用方法

文章 2：蒙版遮罩转场操作

文章 1　　　　　文章 2

思政园地

武汉爸爸学抖音挑战高难度，失手致两岁女儿脊髓严重受损

思政元素：风险规避，安全意识。

前不久，菲菲的爸爸在看抖音视频时发现了一个与孩子互动的翻跟头视频，十分有趣。平时注重亲子教育的爸爸，就拉上菲菲试了一把，结果悲剧发生了。在爸爸抓住菲菲往上翻转180度的时候，突然失手，孩子一下子头部着了地……

尽管家人及时把孩子送到医院，但医生发现菲菲的脊髓已严重受损，菲菲上半身已经无法行动了。

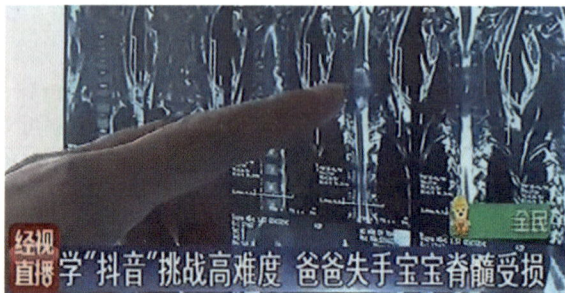

医院进行了全面治疗，但菲菲的伤情能恢复到什么程度还无法预料。医生介绍，抖音上的一些短视频尽管看上去十分有趣，但对于普通人来说，模仿起来存在不小的风险。比如菲菲爸爸模仿的这个视频，如果家长用力不足，孩子容易因为失手掉下来，头部着地，伤及脊髓；如果用力过猛，又会因为牵拉不当，导致孩子脱臼。

（资料来源：爸爸学抖音挑战高难度 失手致2岁女儿脊髓严重受损[EB/OL].（2018-03-19）[2024-11-29].
https://baijiahao.baidu.com/s?id=1595344831813570008&wfr=spider&for=pc）

思考与讨论

1. 以上案例说明了什么？

2. 短视频平台如何通过教育和引导，提高用户对安全风险的认识？

09

项目九　效果过渡技巧

项目内容

　　效果与过渡的运用是视频创作的重要环节，可以用来完成动画、转场、风格化等后期制作，让作品产生更加丰富多彩的画面，提升视觉冲击力。本项目主要针对 Premiere 中的各效果与过渡的作用、使用方法等方面展开讲解。

建议课时：10 课时

学习目标

知识目标	技能目标	思政素养目标
• 能列举几种常用的视频及音频效果； • 能解释通道的含义； • 能概述效果与过渡的运用方法。	• 能使用效果进行特效制作； • 能运用键控对视频进行抠像与合成； • 能使用过渡给视频添加转场。	• 养成独立思考的习惯； • 培养精益求精的工作意识； • 提升求真务实、勇于探索的职业素养。

课程导图

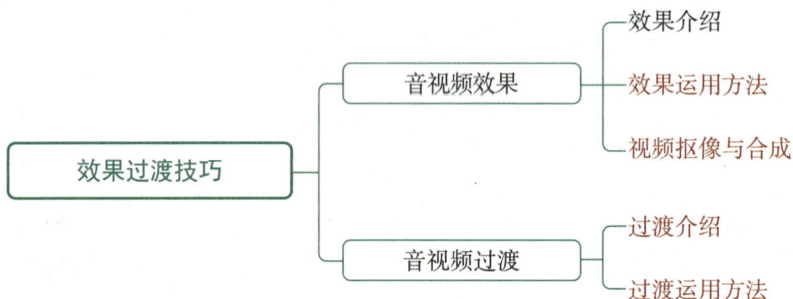

案例导入

上次小万给家乡宣传视频做了关键帧动画，出来的效果非常不错，他本人也十分满意。但小万并没有就此满足，他还想做出有高级感的视频片头，画面呈现要做出电影宽荧幕效果，声音也要有怀旧感，转场要自然……小万的脑海里充满了对视频特效制作的想法，创意不断涌现。

小万虽然清楚以他现在的制作水平还没办法实现这些效果，但并不气馁，他相信行则将至，做则必成。于是小万一边摸索一边学习，遇到问题就上网搜索寻求解决办法，在此过程中收获了很多。他发现要做出好的特效，创意和操作缺一不可，在操作上更是不能局限于工具本身的功能，要懂得灵活使用、相互协作，还可借助第三方插件来完成特效制作。

在经过一段时间的摸索后，小万已经懂得了效果、过渡的使用，并已着手给家乡文化宣传视频做一些简单效果，他脑海中的创意正在一步步实现。相信用不了多久，小万的作品质量就又能拔高一个层次。

【思考】

认真思考以下问题，并带着疑问进入课堂寻找答案吧。

1. 要让两段音频的衔接不显得生硬，应该添加什么过渡？

2. 在 Premiere 中抠取绿幕人像，应该怎么操作呢？

3. 后期制作常说的"带通道视频素材"是指什么？该如何理解？

任务 1　音视频效果

Premiere 内置了 100 多种效果，种类繁多，应用场景广泛，能满足视频后期制作的大部分需求。在学习时，效果数量非常多，参数各不相同，因此不需要对每个效果的作用都进行掌握，只需学会它们的使用方法，等遇到相应的工作场景，在操作时再深入体会即可。

本任务主要从以下三个方面展开讲解：

➤ 效果介绍

➤ 效果运用方法

➤ 视频抠像与合成

一、效果介绍

Premiere 效果分为视频效果和音频效果两大类。如图 9-1 所示，它们各自都包含大量的效果文件，下面分别针对这两大类效果进行介绍。

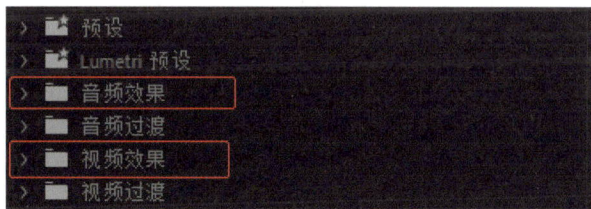

图 9-1　效果

1. 视频效果

视频效果是可以直接应用于视频素材的特效文件，在其文件夹下包含很多效果组，而每个效果组又包括很多效果，如图 9-2 所示。

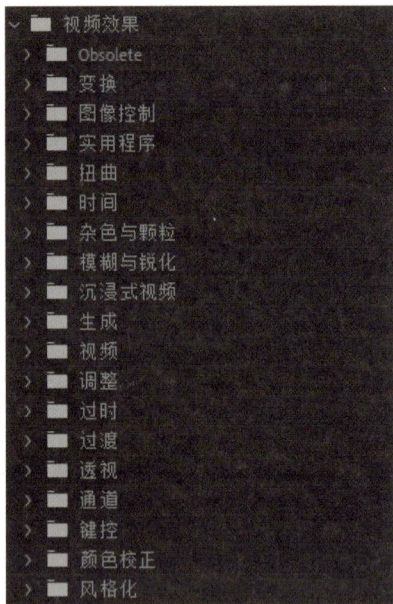

图9-2　视频效果

在短视频制作中，有些效果需要特定的场景才会使用，频次不高，这里不做介绍。下面主要针对常用的效果组及效果进行详解。

（1）变换类：该效果组包含如图9-3所示效果。

图9-3　变换效果组

① 垂直翻转：使素材发生上下翻转效果。

② 水平翻转：使素材发生左右翻转效果。

③ 裁剪：可以通过调节参数来裁剪画面。前后对比如图9-4所示。

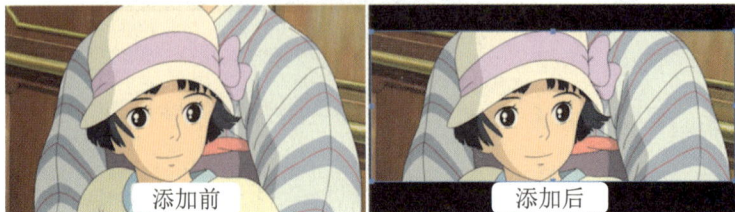

图9-4　裁剪

（2）扭曲类：该效果组包含如图9-5所示效果。

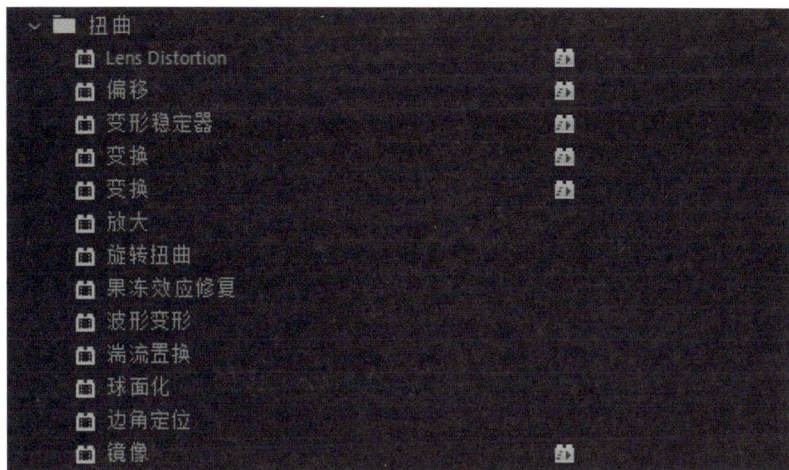

图 9-5　扭曲效果组

① 偏移：调节参数可以使画面进行水平 / 垂直移动，空缺像素会自动进行填充。前后对比如图 9-6 所示。

图 9-6　偏移

② 变形稳定器：如果前期拍摄的视频素材抖动浮动较大，可以使用该效果进行画面稳定，将抖动转为较为平滑的拍摄效果。

③ 变换：可对素材的位置、大小、不透明度等进行调整。

④ 放大：可以使素材产生局部放大的效果。前后对比如图 9-7 所示。

图 9-7　放大

⑤ 旋转扭曲：调节参数，使素材围绕锚点产生旋转、扭曲效果。前后对比如图 9-8 所示。

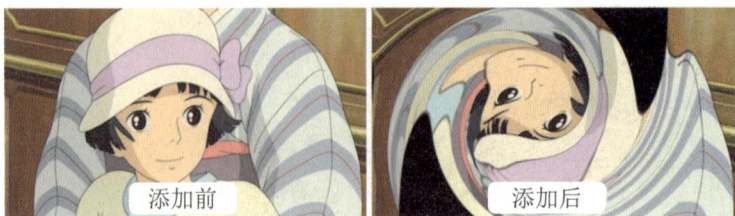

图 9-8　旋转扭曲

⑥ 湍流置换：可使素材产生类似湍流扭曲的效果，常用来制作摆动的旗帜、流水、侵蚀转场等效果。前后对比如图 9-9 所示。

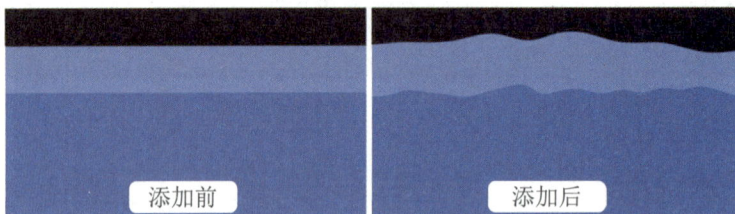

图 9-9　湍流置换

⑦ 球面化：使素材产生球形的放大效果。前后对比如图 9-10 所示。

图 9-10　球面化

⑧ 边角定位：可以调整素材的四个角的位置，类似 Photoshop 的斜切功能，常用来实现特殊画中画的制作合成。前后对比如图 9-11 所示。

图 9-11　边角定位

⑨ 镜像：使素材产生对称翻转的效果。前后对比如图 9-12 所示。

图 9-12 镜像

（3）模糊与锐化类：该效果组包含如图 9-13 所示效果。

图 9-13 模糊与锐化效果组

① 方向模糊：可根据模糊角度和长度对画面进行模糊处理。前后对比如图 9-14 所示。

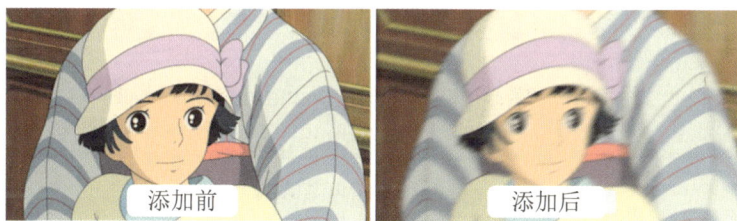

图 9-14 方向模糊

② 锐化：快速聚焦模糊边缘，使图像色彩更加鲜明，提升清晰度或者聚焦程度，前后对比如图 9-15 所示。

图 9-15 锐化

③ 高斯模糊：该效果可使画面既模糊又平滑，可有效降低素材的层次细节，是使用比较广泛的模糊效果。前后对比如图 9-16 所示。

图 9-16　高斯模糊

（4）生成类：该效果组包含如图 9-17 所示效果。

图 9-17　生成效果组

① 四色渐变：可通过调节颜色参数及混合模式，使素材上方产生四种颜色的渐变效果。前后对比如图 9-18 所示。

图 9-18　四色渐变

② 渐变：在素材上方填充线性或径向渐变。前后对比如图 9-19 所示。

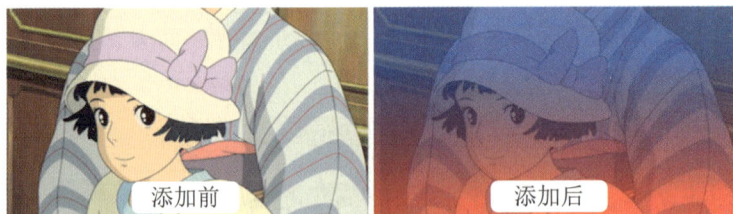

图 9-19　渐变

③ 镜头光晕：可模拟在自然光下拍摄时所遇到的强光，从而使画面产生光晕效果。前后对比如图 9-20 所示。

图 9-20 镜头光晕

④ 闪电：可模拟闪电形态。前后对比如图 9-21 所示。

图 9-21 闪电

（5）风格化类：该效果组包含如图 9-22 所示效果。

图 9-22 风格化效果组

① Replicate（复制）：对素材进行复制，复制数量可自行调节。前后对比如图 9-23 所示。

图 9-23 复制

② 彩色浮雕：可在素材上方制作出彩色凹凸感的效果，常配合帧定格做某个震撼瞬间的图片。前后对比如图 9-24 所示。

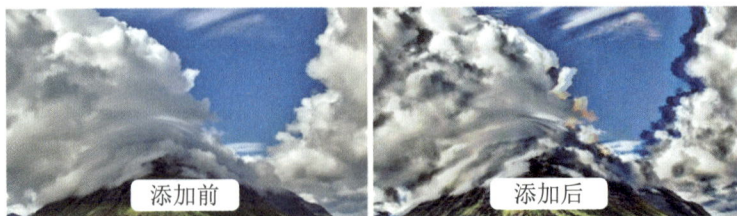

图 9-24　彩色浮雕

③ 查找边缘：可使画面产生类似彩色铅笔绘制的线条感，与美术概念里的"线稿"类似。前后对比如图 9-25 所示。

图 9-25　查找边缘

④ 粗糙边缘：将素材边缘做出腐蚀感效果。前后对比如图 9-26 所示。

图 9-26　粗糙边缘

⑤ 马赛克：可将画面自动转换为以像素块为单位拼凑的画面，是使用最为频繁的效果之一。前后对比如图 9-27 所示。

图 9-27　马赛克

专家指导

随着技术的发展，官方也在不断增加和淘汰 Premiere 中的效果，将要被淘汰的效果会放在"过时"的效果组里。

2. 音频效果

Premiere 音频处理功能十分强大，内置了大量的音频效果文件，每种效果都会对音频素材产生不同的作用，如图 9-28 所示。

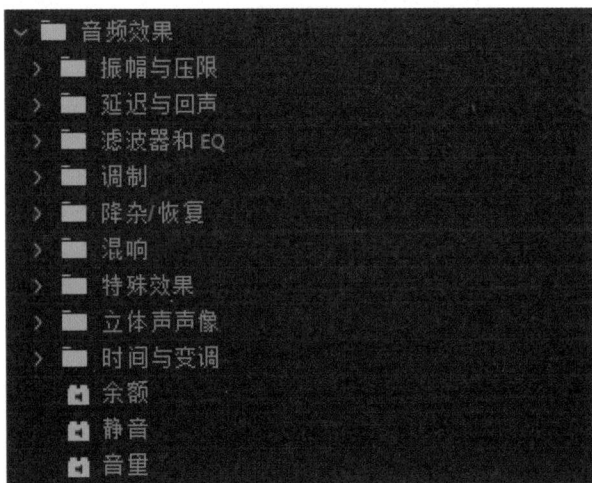

图 9-28　音频效果

在短视频制作中，音频效果的使用主要集中在处理杂音与噪声、解决声音不均衡问题、增强人声、改善音质、改变混响、模拟音频场景、匹配响度等几个固定需求。下面针对这几种需求，并结合 Premiere 中的常用效果进行介绍。

（1）处理杂音与噪声：在前期录制音频时，经常会出现一些杂音或噪声，影响声音质量，针对这种情况，可以使用如图 9-29 所示效果解决。

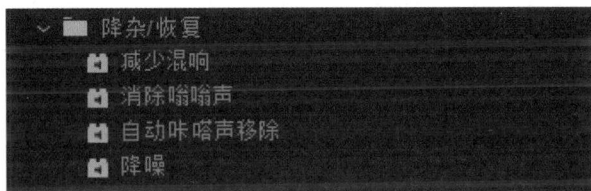

图 9-29　降杂 / 恢复

① 减少混响：减少声音的空间虚拟。

② 消除嗡嗡声：可以去除电子设备发出的嗡嗡声。

③ 自动咔嗒声移除：可以校正音频中的咔嗒声和爆音。

④ 降噪：可以降低或完全去除音频背景中的噪声。

（2）解决声音不均衡问题：在录制音频时，由于发声音量、与麦克风的距离变化等因素影响，就会出现声音忽高忽低、不均衡的情况，波形如图 9-30 所示。

图 9-30　声音不均衡波形

要解决这个问题，就要压缩音频的振幅，减少动态范围，从而产生一致的音量并提高感知响度。音频效果主要使用"振幅与压限"效果组中的"单频段压缩器"或"多频段压缩器"，如图 9-31 所示。

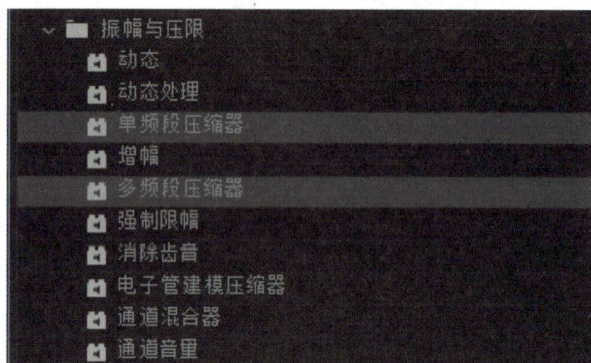

图 9-31　频段压缩器

① 单频段压缩器：主要用于缩小动态范围，压缩高振幅波形且保持低振幅波形不变，从而产生一致的音量并提高感知响度。打开效果编辑页面，会出现如图 9-32 所示对话框。

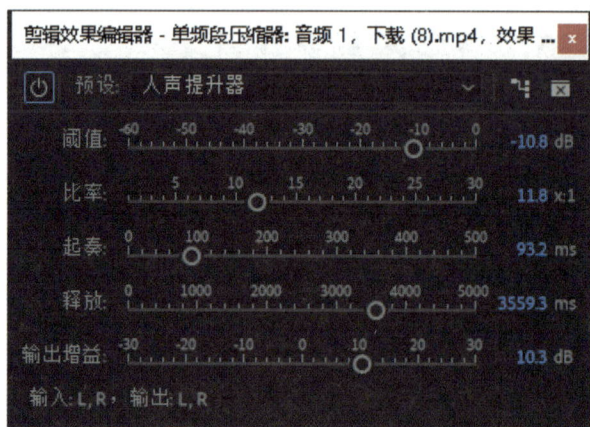

图 9-32　单频段压缩器

阈值指要压缩的声音强度临界值，超过该临界值的波段将被压缩。

比率指阈值和输出的压缩比。如设置为 10 时，在"阈值"上每增加 10 dB，输出增益将增加 1 dB。

起奏用于确定音频超过阈值设置后开始压缩的速度。

释放用于确定音频下降到低于阈值设置时停止压缩的速度。

输出增益用于压缩之后增强或消减振幅。

效果中提供了大量"预设"，根据需求选择相应预设，在此基础上，对下方参数进行微调，反复调试，直到找到最佳设置。

②　多频段压缩器：操作原理与单频段压缩器相同，但把音频分成四个频段，每个频段都可进行单独压缩，可以处理更多频率。

针对如图 9-30 所示不均衡音频，经过压缩得到较为均衡的波形，如图 9-33 所示。

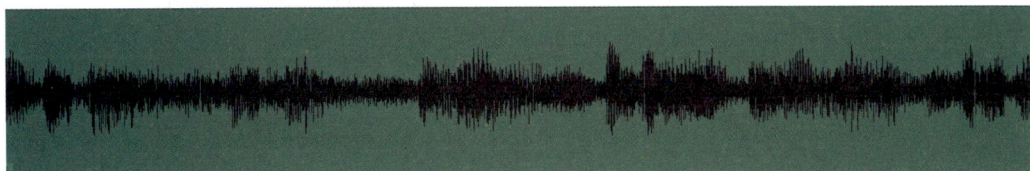

图 9-33　声音较为均衡波形

（3）增强人声：录制音频如果人声音量较小，可使用人声增强效果快速改善旁白录音的质量，如图 9-34 所示。

图 9-34　人声增强

（4）改善音质：要让声音变得清晰好听、有磁性，把声音特点更好地发挥出来。最常用的方法就是通过调节 EQ（图形均衡器）来实现，如图 9-35 所示。

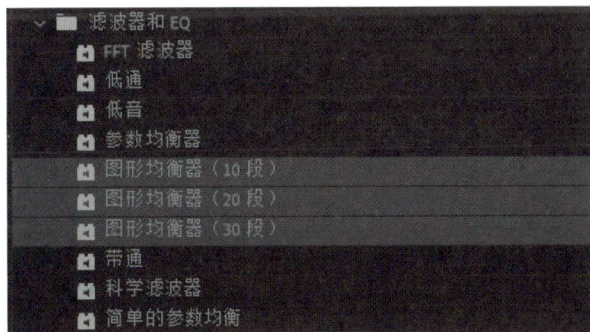

图 9-35　图形均衡器

图形均衡器效果可增强或消减特定频段，并可直观地表示生成的 EQ 曲线。共有

10、20、30 三个频段。频段越少，调整越快；频段越多，则精度越高。

打开图形均衡器编辑页面（如图 9-36 所示），如要提高低音、降低高音，使声音更加平稳，则应调节 250 Hz 以下及 2 kHz 以上频段。

例 常说的声音有磁性，就是表现在声音低缓、稍沙哑，在图形均衡器上调节主要是提高 125 Hz 和 16 kHz 以上频段。

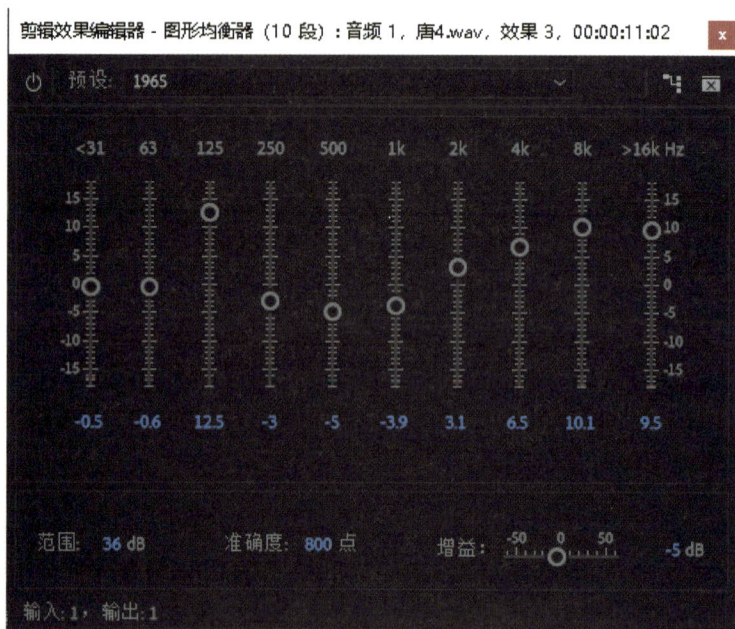

图 9-36　图形均衡器调节

专家指导

图形均衡器只是可以增益或衰减你的高中低音，它不是变声器。它只能帮你把自己声音的特点表现出来，而不是可以改变你的音色。

（5）改变混响：声波在传播时遇到障碍会反射，就形成了混响。要模拟一些特定混响，可以使用如图 9-37 所示效果解决。

图 9-37　混响

三种混响都能模拟声学空间，且参数都可调整。在使用时，可根据需求自行选择一种混响效果，再套用"预设"微调参数即可。

（6）匹配响度：当录制的多段音频响度差距过大时，在衔接处声音忽然变大或变小，听起来十分生硬（波形如图9-38所示）。要解决这种情况，就需要对多段音频进行响度匹配。

图 9-38　多段音频响度波形

打开"窗口—基本声音"面板，选中多段音频，点击"响度—自动匹配"，如图9-39所示，系统即可对多段音频的响度进行压缩、平衡。

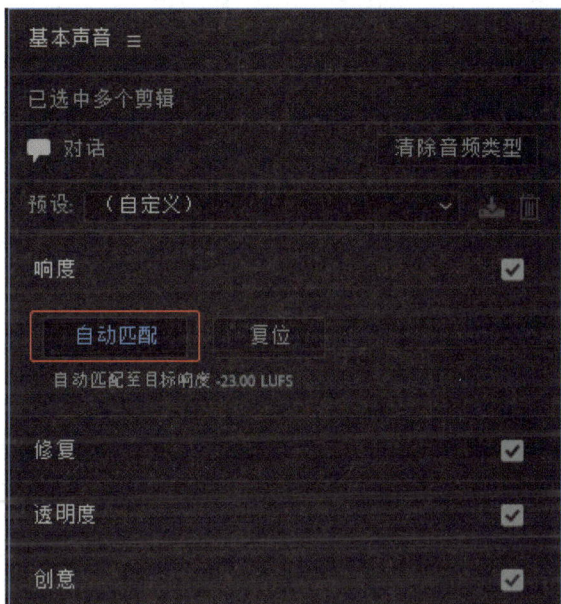

图 9-39　匹配响度

专家指导

　　"基本声音"面板集成了处理音频时常用的功能和快捷操作，使用起来更加方便、快速，可以帮助我们提升效率。

视频效果和音频效果的效果运用方法是相同的，在操作时除了要掌握效果的基础使用方法外，还需要学会调整图层的运用。

1. 添加 / 编辑 / 复制 / 删除效果

（1）添加效果：在"效果"面板中展开文件夹或直接搜索效果名称（图 9-40），找到需要的效果拖动到时间轴素材文件上，即可添加视频效果。

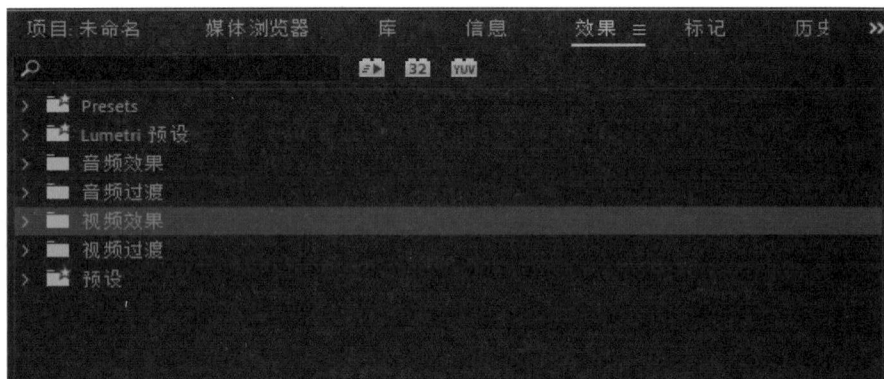

图 9-40　添加效果

（2）编辑效果：选中该素材文件，在"效果控件"面板中会出现添加效果的属性参数，调整参数即可对添加的效果进行修改，如图 9-41 所示。

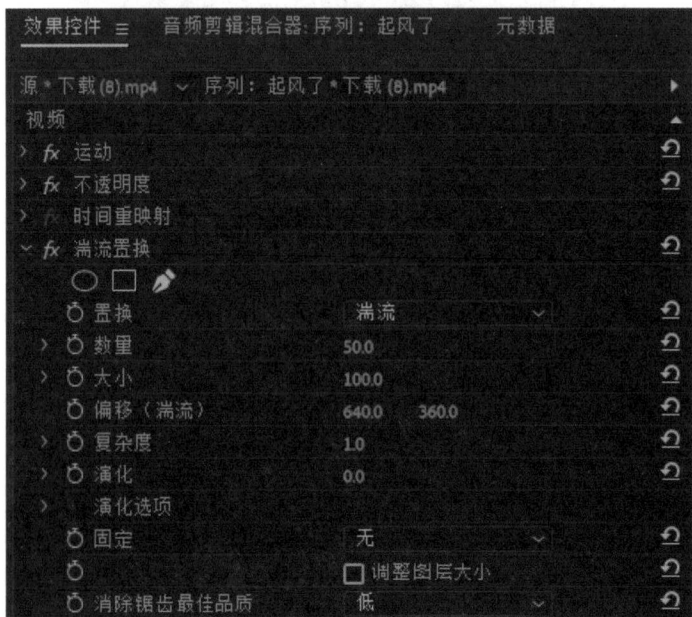

图 9-41　编辑效果

（3）复制效果：调整好的效果可以直接应用到其他素材上。选中素材,右击选择"复制"选项，然后选中其他素材，右击选择"粘贴属性"选项，在弹出的对话框中勾选需要粘贴的效果，如图 9-42 所示。

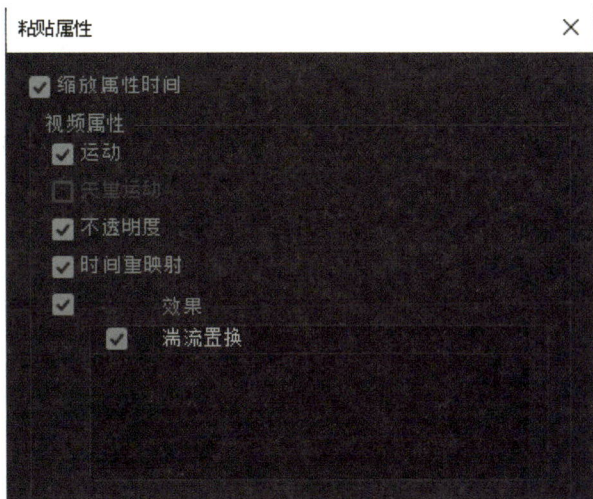

图 9-42　复制效果

（4）删除效果：要暂时关闭该效果的应用，只需在"效果控件"面板上，单击该效果属性前面的切换效果开关按钮（ fx ），呈现　状态即为暂时关闭。在"效果控件"面板选中效果，按 Delete 键即可删除。

2．调整图层运用

在"项目"窗口右击选择"新建项目—调整图层"（如图 9-43 所示),将"调整图层"拖动到时间轴轨道上即可应用。

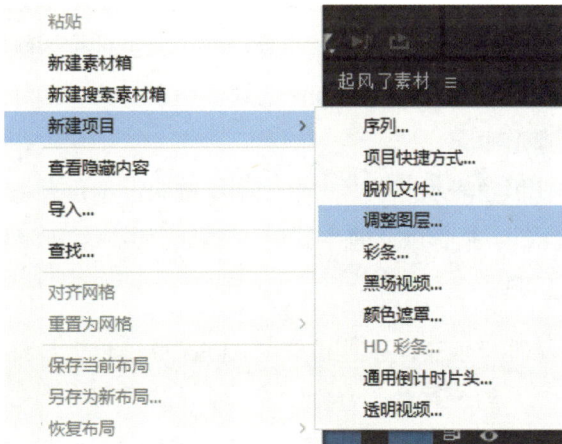

图 9-43　新建调整图层

调整图层的作用是可以将添加在自身上的效果映射到所在轨道以下的所有素材中，不会影响当前轨道以上的素材。

例　如图 9-44 所示给调整图层添加了查找边缘效果，可以直观地看到，"调整图层"下方的素材画面已受查找边缘效果影响，但在"标记点 3"未被调整图层覆盖的位置不受影响。

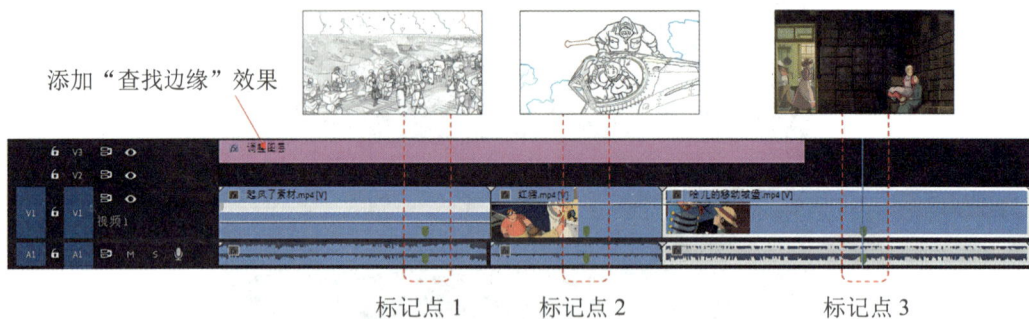

图 9-44　调整图层运用

当处理较为复杂的剪辑工程时，借助调整图层，可以轻松、快捷地调整多个素材的效果，并且不改变原素材属性的状态。

三、视频抠像与合成

抠像、合成是后期制作中常用的技术手段，通过抠除背景，使人物或物体合成到另一个环境中，实现更奇妙的视觉效果。

1. 认识 Alpha 通道

构成素材画面颜色的三原色是红、绿和蓝，这三者也被称为颜色通道。另外，图像还包含一个不可见的第四通道，称为 Alpha 通道，当素材的一部分为透明时，透明度信息会存储在其 Alpha 通道中。

在 Alpha 通道中，黑色表示透明，白色表示不透明，灰色表示半透明，口诀是"黑透白不透，灰色半透明"。抠像就是将素材的一部分变透明，而 Alpha 通道可以直观地反馈素材的不透明度信息。

例　对素材进行抠像，合成视频与 Alpha 通道对比如图 9-45 所示，Alpha 通道中的黑色部分在合成视频中就是完全透明的区域，白色部分是完全显示素材颜色信息的区域，灰色是半透明区域。

图 9-45　Alpha 通道

查看 Alpha 通道，只需在节目监视器窗口点击设置选项（🔧），选择"Alpha"即可，如图 9-46 所示。为了方便观察抠像情况，在合成视频时可以设置显示透明网格，如图 9-47 所示。

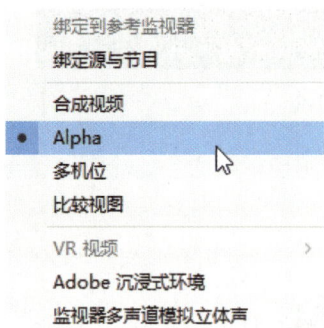

图 9-46　查看 Alpha 通道　　　　　　　图 9-47　透明网格

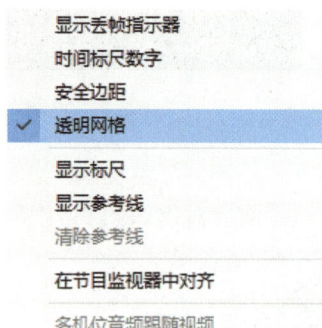

2. 抠像操作技巧

"抠像"的意思是吸取画面中的某一种颜色作为透明色，将它从画面中抠去，从而使背景透出来，形成两层画面的叠加合成，以达到丰富的层次感和神奇的合成视觉艺术效果。如图 9-48 所示为图像抠像合成对比。

图 9-48　抠像对比

在 Premiere 中抠像的工具都在"键控"效果组，常用的抠像工具有三种，分别是"亮度键"、"超级键"和"颜色键"，如图 9-49 所示。

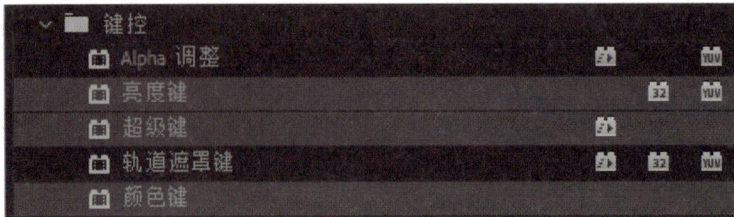

图 9-49　抠像效果

（1）亮度键（图 9-50）：可将被叠加画面的灰度值设置为透明而保持色度不变，简单来说就是根据亮度把部分视频图像抠出。

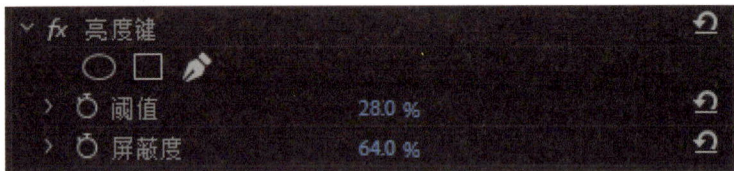

图 9-50　亮度键属性

结合蒙版工具调节参数，完成亮度键抠图。常用于抠取天空、金属、街景等亮度明显的素材，抠像前后对比如图 9-51 所示。

图 9-51　亮度键抠图

（2）超级键（图 9-52）：可使用吸管工具（　）在画面中吸取需要抠除的颜色，此时该种颜色在画面中消失。

图 9-52　超级键属性

吸取颜色后再微调参数可让画面变得更干净。常用于抠取绿幕、天空、纯色物体等素材，抠像前后对比如图 9-53 所示。

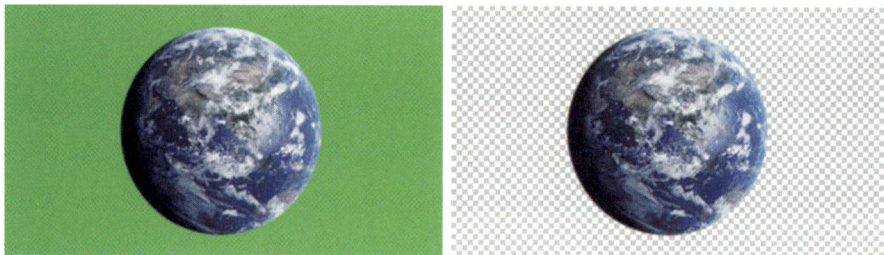

图 9-53 超级键抠图

（3）颜色键（图 9-54）：操作跟超级键相似，也是通过吸取颜色进行抠像。吸取颜色后，需要调节颜色容差参数才能生效。

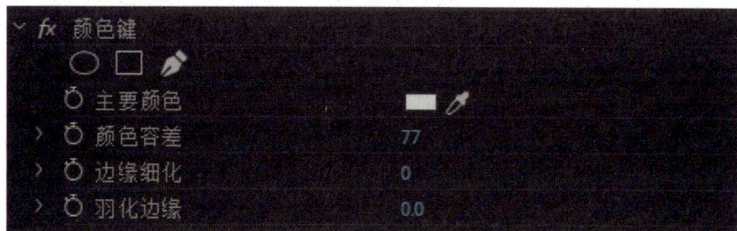

图 9-54 颜色键属性

在对主体颜色抠除后，再调节边缘羽化参数让边缘变得干净。颜色键是抠像中最常用的效果，适用范围广泛，抠像前后对比如图 9-55 所示。

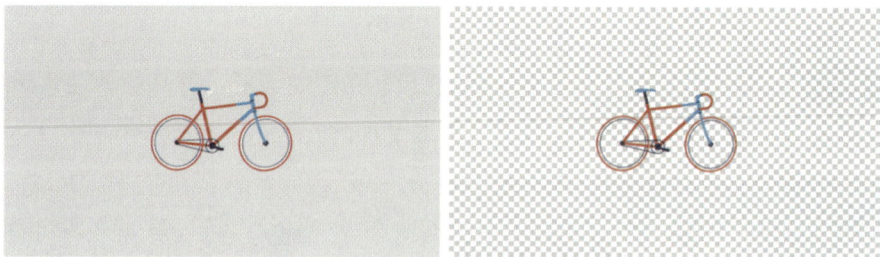

图 9-55 颜色键抠图

3. 遮罩合成

视频抠像完成后，需要合成场景，把抠像的结果放置到另一个场景中，这种就是基础的图层合成；将场景与抠像重叠的地方进行相交显示，叫作遮罩合成。两者对比如图 9-56 所示。

图 9-56　图层合成与遮罩合成对比

要实现遮罩合成效果，在 Premiere 中主要是使用轨道遮罩键效果，效果面板如图 9-57 所示。

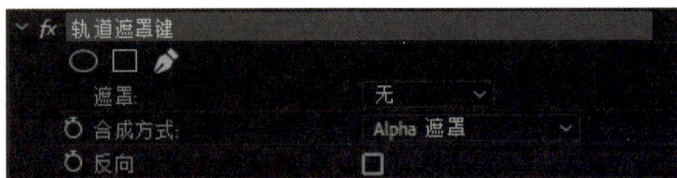

图 9-57　轨道遮罩键属性

轨道遮罩键是为主体轨道添加遮罩，使主体轨道显示在遮罩轨道上的有色部分，透明或黑色部分不显示。合成方式有如下两种：

（1）Alpha 遮罩：指以遮罩层的 Alpha 通道透明信息做遮罩，遮罩层不透明的地方，被遮罩层位置的地方会显示；遮罩层透明的地方，被遮罩层相应的位置不显示。简单来说就是重叠相交的区域按照"上形状下颜色"显示。

例　V1 视频轨是风景素材，V2 视频轨是莲花素材，给风景素材添加轨道遮罩键，并设置遮罩为"V2 视频轨"，合成方式为"Alpha 遮罩"，此时效果如图 9-58 所示。

图 9-58　轨道遮罩效果

（2）亮度遮罩：指以遮罩层的黑白亮度信息做遮罩，遮罩层黑色暗色部分下的被遮罩层不显示，遮罩层白色亮色部分下的被遮罩层显示，遮罩外的部分视为黑色。简单来说就是"白显黑不显，遮罩外不显"。

> **例**　V1 视频轨是动漫素材，V2 视频轨是水墨素材，给动漫素材添加轨道遮罩键，并设置遮罩为"V2 视频轨"，合成方式为"亮度遮罩"，并勾上"反选"，此时效果如图 9-59 所示。

图 9-59　亮度遮罩效果

轨道遮罩键可以用来做水墨、双重曝光、标题遮罩等效果，在视频后期中应用十分广泛，用好它可以做出极具视觉冲击力的效果。

专家指导

很多人搞不清楚蒙版和遮罩的区别，简单来说，蒙版是针对单个素材设置显示或隐藏，遮罩是针对两个素材相重叠的地方显示或隐藏。

任务 2　音视频过渡

在视频制作中，过渡具有相当重要的作用，巧妙、自然的过渡可以让视频看起来更加流畅，一些极具创意的转场设计更可以凸显视频品质。

本任务主要从以下两个方面展开讲解：

➤ 过渡介绍
➤ 过渡运用方法

一、过渡介绍

两段素材间的切换方式，称为过渡，也叫作转场。有人喜欢平滑流畅的无缝转场，也有人为突出内容，会使用空场、白场、黑场等手法进行过渡。总之，无论采用哪种过渡方式，都离不开过渡效果。

在 Premiere 中，过渡也分为视频过渡和音频过渡两大类（如图 9-60 所示），下面分别针对这两大类过渡进行介绍。

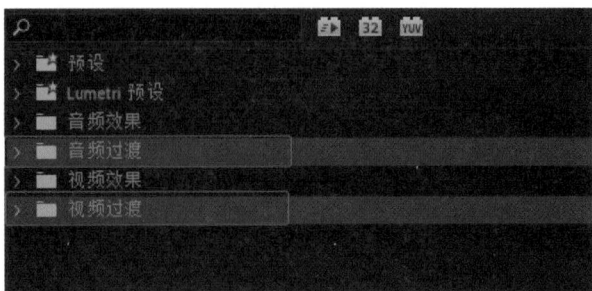

图 9-60　过渡

1. 视频过渡介绍

"视频过渡"文件夹下分类保存着各种过渡，如图 9-61 所示。下面针对几种常用过渡进行详细介绍。

图 9-61　视频过渡

（1）3D Motion（3D 运动）：该过渡组是模仿立方体旋转或翻转的过渡，包括如图 9-62 所示两种过渡。

图 9-62　3D 运动

① Cube Spin（立方体旋转）：可将素材在过渡中制作出空间立方体效果，过渡如图 9-63 所示。

图 9-63　立方体旋转过渡

② Flip Over（翻转）：以中心为垂直轴线，前段素材进行翻转并显出后段素材，过渡如图 9-64 所示。

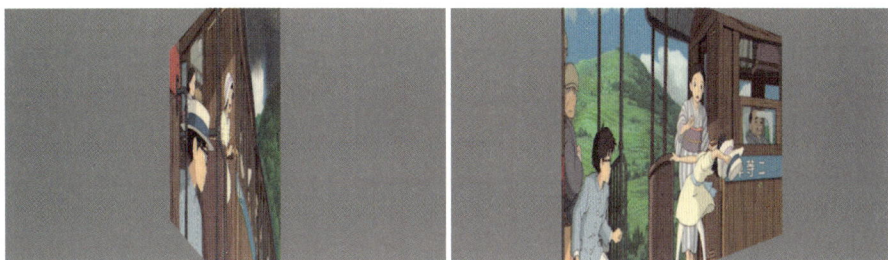

图 9-64　翻转过渡

（2）Iris（划像）：可将前段素材进行伸展并切换到后段素材，包括盒型划像、交叉划像、菱形划像、圆形划像四种过渡，如图 9-65 所示。

图 9-65　四种划像过渡

（3）Page Peel（页面剥落）：模仿翻书方式进行，即前段素材卷曲退出以显示后段素材，包括卷页和翻页两种过渡，如图 9-66 所示。

卷页　　翻页

图 9-66　两种页面剥落过渡

（4）Slide（内滑）：通过画面滑动进行前后段素材的过渡切换，推和内滑过渡较为常用，如图 9-67 所示。

推　　内滑

图 9-67　推和内滑

（5）Wipe（擦除）：擦除前段素材的不同部分来显示后段素材。此类别包含十多种擦除过渡，其中常用的是划出和渐变擦除，如图 9-68 所示。

划出　　渐变擦除

图 9-68　划出和渐变擦除

（6）溶解：将前段素材渐隐于后段素材，过渡效果柔和。最常用的是交叉溶解、白场过渡、黑场过渡和叠加溶解四种，如图 9-69 所示。

交叉溶解　　叠加溶解

图 9-69　四种常用溶解过渡

2. 音频过渡介绍

对同轨道上相邻的两个音频添加音频过渡，可以实现声音的交叉淡入淡出。"音频过渡"文件夹下只包含三种过渡效果，如图 9-70 所示。

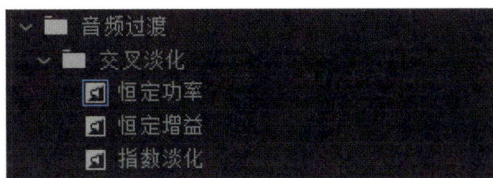

图 9-70　音频过渡

（1）恒定功率：过渡如图 9-71 所示，前段音频缓慢降低音量，后段音频音量缓慢提升，曲线较为平滑，听起来更加流畅、自然。

（2）恒定增益：过渡如图 9-72 所示，两段音频的淡化进行直线交叉，以恒定速率更改音频进出，听起来较为生硬。

（3）指数淡化：过渡如图 9-73 所示，前段音频自上而下淡出，后段音频自下而上淡入。

图 9-71　恒定功率　　　图 9-72　恒定增益　　　图 9-73　指数淡化

专家指导

在时间轴上选中多段音频，按"Ctrl+Shift+D"会给音频编辑点自动添加默认音频过渡效果，默认过渡为"恒定功率"。

二、过渡运用方法

过渡与视频 / 音频效果的运用方法相同，操作非常简便。另外，如遇到内置过渡无法满足需求的情况，可导入并使用外部预设，增加选择种类。

1. 添加 / 编辑 / 删除过渡

（1）添加过渡：在效果中挑选出需要的过渡，将其拖至时间轴上两段素材的编辑点即可应用，如图 9-74 所示。

图 9-74　添加过渡

（2）编辑过渡：选中并拖动过渡可移动切入位置，调节两端长度可更改过渡持续时长，如图 9-75 所示。选中添加的过渡，可在效果控件中调节其参数，如图 9-76 所示。

图 9-75　更改过渡时长

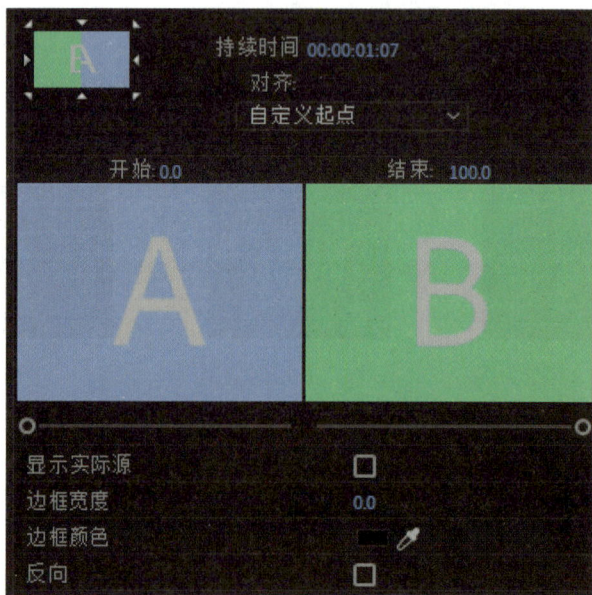

图 9-76　调节过渡参数

（3）删除过渡：在时间轴上选中过渡，点击 Delete 键即可删除过渡。

2. 运用预设

预设就是预先修改好的效果文件，后缀名为 prfpset，如图 9-77 所示。学会使用预设可以大大提升视频过渡处理的效率，减轻工作量。

名称	类型	大小
30 Shake Presets.prfpset	PRFPSET 文件	1,825 KB
260个无缝转场.prfpset	PRFPSET 文件	11,868 KB
Liquid Transitions Presets .prfpset	PRFPSET 文件	752 KB
缩放无缝转场.prfpset	PRFPSET 文件	1,645 KB
转场预设.prfpset	PRFPSET 文件	6,455 KB

图 9-77　效果预设文件

（1）添加预设：在"效果"面板的"预设"文件夹处右击，选择"导入预设"，将 prfpset 文件导入，即可完成预设添加，如图 9-78 所示。

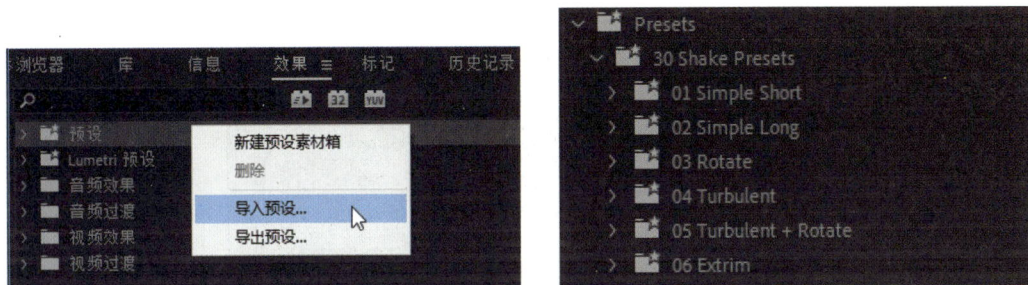

图 9-78　添加预设

（2）使用预设：预设通常都分为"入 /In"和"出 /Out"，新建一个"调整图层"，将其放置到两段素材的上方，并从中间切割，前后各保留 0.5 ～ 1 秒的长度（设置的转场时间），将"× × 过渡 . 入"添加至前段调整图层，将"× × 过渡 . 出"添加至后段调整图层，如 9-79 所示。

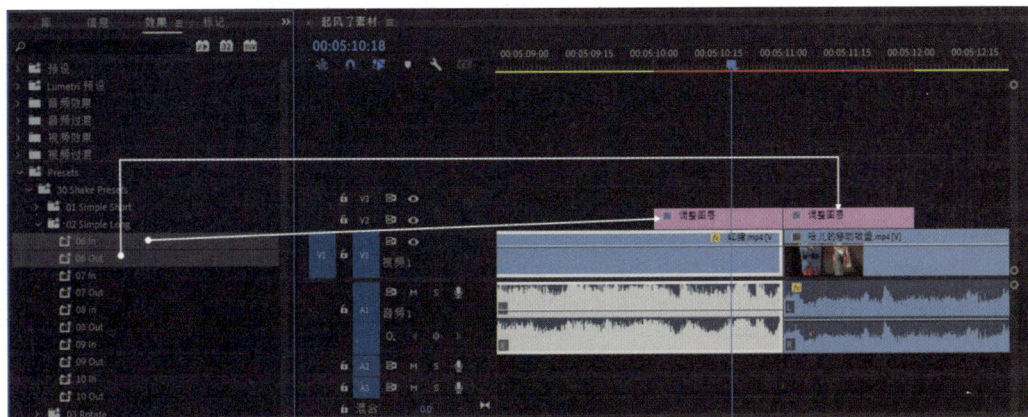

图 9-79　使用预设

（3）保存预设：如果自己制作了某些效果或过渡，想要在以后的工作中快速应用，可以将其保存为预设。在"效果控件"面板，按 Ctrl 选中自己调整的属性，右键选择"保存预设"，如图 9-80 所示。自定义名称确认后，新的预设将保存在"效果"面板的"预设"文件夹下，如图 9-81 所示。

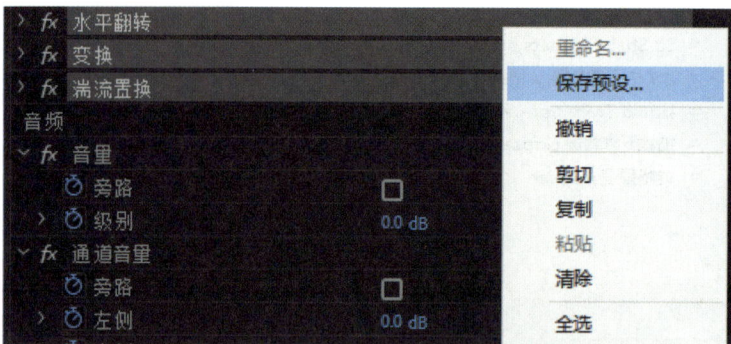

图 9-80　右键保存预设

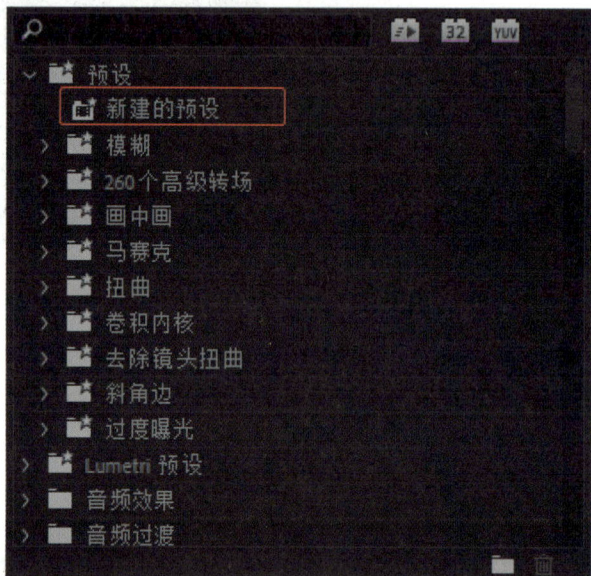

图 9-81　已保存的预设

课程实践

本项目的实践环节共有 8 个任务，请同学们参照配套实训书，完成任务。

任务排序	实训名称	主要工作内容
1	效果过渡基础操作练习	完成效果运用、过渡运用及预设添加 / 使用 / 保存的操作练习

续表

任务排序	实训名称	主要工作内容
2	文字消散效果实例	完成视频效果运用训练
3	模拟通话效果实例	完成音频效果运用训练
4	模拟广播效果实例	完成音频效果运用训练
5	绿幕抠像效果实例	完成视频抠像训练
6	文字镂空效果	完成遮罩合成训练
7	动态相册过渡实例	完成视频过渡训练
8	歌曲串烧过渡实例	完成音频过渡训练

课后思考

回顾本项目内容，回答以下问题：

1. 什么是 Alpha 通道？它的作用是什么？

2. 在 Premiere 中对视频进行抠像，可以使用哪些效果完成？

3. 请简要描述预设的添加、使用及保存方法。

思政园地

"我与中国的美丽邂逅"外国留学生系列短视频栏目获评国际传播十大优秀案例

思政元素：文化自信、国际理解、多元文化价值观。

近日，"面向'Z世代'青年的国际传播案例征集评选计划"评审结果揭晓，由教育部留学服务中心、人民日报出版社、人民日报媒体技术公司联合申报的"我与中国的美丽邂逅"外国留学生系列短视频栏目入选十大优秀传播案例。

"我与中国的美丽邂逅"源起于教育部留

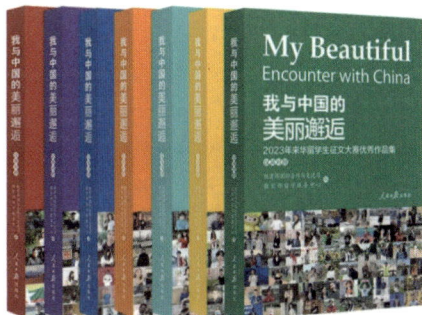

学服务中心承办的来华留学生征文大赛及短视频大赛，征文大赛精选作品由人民日报出版社结集成书，自 2017 年来已连续出版 7 册。7 册书共收录 400 多位留学生讲述的中国故事，这些故事是他们的真实经历和美好回忆，记录了他们所思、所感、所悟和所得，全面、立体地反映了中华优秀传统文化的魅力与中国式现代化的发展成就，展示了来华留学生眼中活力满满、奋力前行的中国。"我与中国的美丽邂逅"短视频栏目共 40 集，是对图书及短视频大赛作品的二次创作和转化，全网累计播放量 720 万次，其中海外账号播放量 12 万次。

（资料来源："我与中国的美丽邂逅"外国留学生系列短视频栏目荣获国际传播十大优秀案例 [EB/OL]. （2024-05-08）[2024-11-29].https://baijiahao.baidu.com/s?id=1798463140601137844&wfr=spider&for=pc）

思考与讨论

1. 如何利用短视频平台进行有效的国际传播？
2. 短视频在国际传播中的作用与挑战有哪些？

10

项目十　色彩原理解析

项目内容

　　调色可以唤起观众的视听情感，对视频风格的塑造起着重要作用。要通过调色营造更好的画面氛围，就需要对色彩原理有足够的理解，能够根据视频内容调配更适宜的颜色。本项目主要针对色彩混合原理、色彩三大属性及色彩搭配等方面展开讲解。

建议课时：6课时

学习目标

知识目标	技能目标	思政素养目标
• 能概述色彩混合的原理； • 能简述色彩三属性及其间的关系； • 能简要说明色彩对比与调和的区别。	• 能独立完成色彩搭配的操作练习。	• 培养实事求是的工作态度； • 强化沟通交流的能力。

课程导图

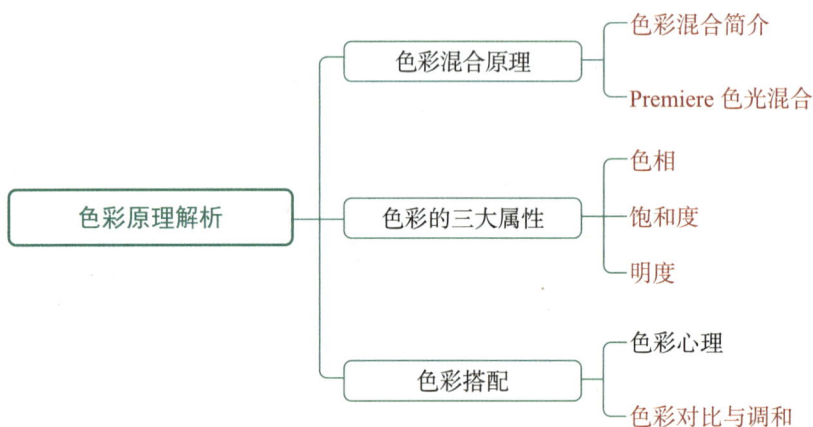

色彩原理解析
- 色彩混合原理
  - 色彩混合简介
  - Premiere 色光混合
- 色彩的三大属性
  - 色相
  - 饱和度
  - 明度
- 色彩搭配
  - 色彩心理
  - 色彩对比与调和

案例导入

　　最近小万在网上看到了许多传播度很高的乡村文化视频，观察到一个现象：这些视频的色彩运用都很独到，不仅能营造出和谐的画面氛围，还能够很好地表达家乡面貌，让人如同身临其境。小万忽然明白，原来自己一直纠结的"氛围感"就是缺少了色彩的运用。

　　对于调色，小万觉得很多电影里的色彩运用就很有代表性，先从模仿电影色彩开始，再逐渐加入个性风格。小万觉得这个思路可行，但要怎么做才能把颜色调成自己想要的呢？尽管调色主观性很强，但万变不离其宗，色彩的基本原理是相通的，打好了基础才能更好地学习技法。

　　在学习的过程中，小万发现很多色彩概念曾经都接触过，如色彩混合、三原色、色彩心理等，掌握起来不难。这些色彩原理，不仅使小万在调色时有了理论依据，还在潜移默化中提升了小万的审美。

【思考】

认真思考以下问题，并带着疑问进入课堂寻找答案吧。

1. Premiere 软件运用的色彩混合原理是什么？

2. 什么是颜色的纯度？

3. 网上常说的"红蓝 CP"运用的色彩搭配技巧是什么？

任务 1　色彩混合原理

在现实生活中，人的眼睛能看到五彩斑斓的世界，在电脑上无论是制图还是视频调色，创作者都可以根据自己的想法调配出想要的颜色，这一切色彩的运用都是基于色彩混合原理。

本任务主要从以下两个方面展开讲解：

➤ 色彩混合简介

➤ Premiere 色光混合

一、色彩混合简介

色彩混合就是指某一色彩中混入另一种色彩。经验表明，两种不同的色彩混合，可获得第三种色彩。从混合模式来看，色彩混合分为加色混合、减色混合及中性混合三类，中性混合是色盘旋转混合或空间视觉混合，用途很少。因此，下面主要针对加色混合和减色混合两种进行介绍。

1. 加色混合

发光物体的颜色取决于发什么颜色的光，红色光源就发红光，蓝色光源就发蓝光。两种或两种以上的色光同时反映于人眼，视觉会产生另一种色光的效果，这种色光混合产生综合色觉的现象称为色光加色法，也称为加色混合。

简单来说，将光源体辐射的光合照一处，就可以产生出新的色光。如图 10-1 所示。

图 10-1　加色混合

2. 减色混合

要了解减色混合，首先要清楚一个概念：任何不发光、不透明的物体，它的颜色实际上取决于物体反射的光线。

例　如图 10-2 所示，我们之所以看到绿叶，是因为阳光照射到叶子表面后绿叶吸收了大部分其他色光的能量，而只有绿色被反射，所以人眼只能接受到绿色光。

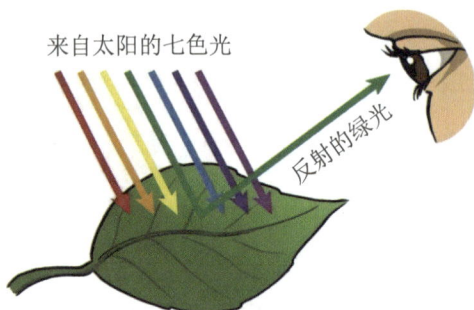

图 10-2　光与色的吸收

这类本身不发光的物体，却能将照来的光吸掉一部分，将剩下的光反射出去的色料的混合，就叫作减色混合，也被称为色料混合。

两种或多种色料混合后所产生的新色料，其反射光相当于白光减去各种色料的吸收光，反射能力会降低。与加色混合相反，色料混合的颜色越多，其色彩越暗越浊，如图 10-3 所示。

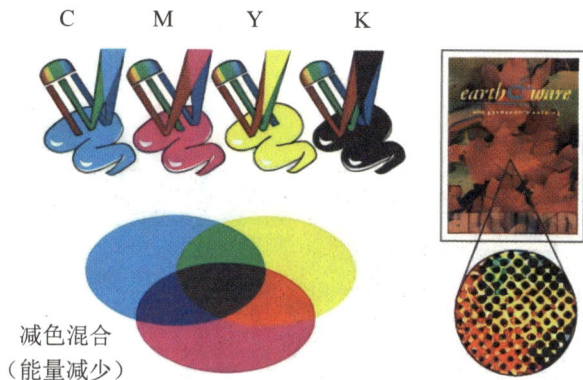

减色混合
（能量减少）

图 10-3　减色混合

专家指导

　　加色混合就是 RGB 模型，常用于计算机显示器系统；减色混合是 CMYK 模型，CMYK 是最常用于印刷行业的颜色模型。

二、Premiere 色光混合

　　在包括 Premiere 的视频处理软件中，色彩混合模式主要用到的是加色混合。下面主要针对色光三原色及其混合现象展开讲解。

1. 色光三原色

　　三原色也称三基色，指色彩中不能再分解的三种基本颜色。红（R）、绿（G）、蓝（B）三种颜色是构成光学色彩的最基本元素，因此又叫色光三原色。在计算机屏幕上，所有的颜色都由三原色光按不同的比例混合而成，如图 10-4 所示。

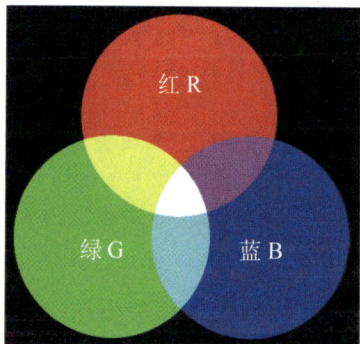

图 10-4　色光三原色

2. 色光混合现象

将 RGB 三原色的色光以不同的比例相加，就能产生各种颜色的光。在 Premiere 中显示为红、绿、蓝三色通道，每个各有 256 阶亮度，用数字 0 ～ 255 表示，如图 10-5 所示。

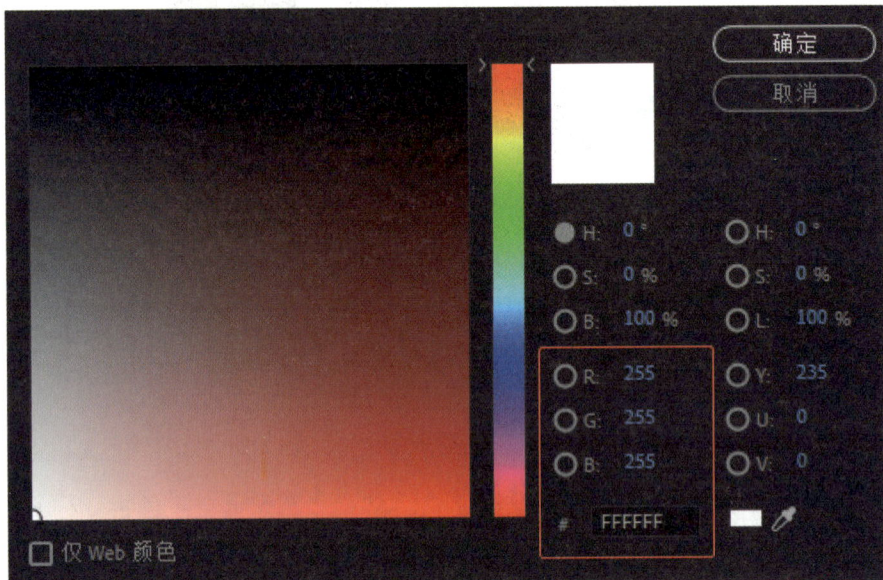

图 10-5　RGB 通道

(1) 无彩色系 / 黑白灰

当三色光亮度全部为 0 时，给出黑色；当三色光亮度全部为 255 时，给出白色；当三色光亮度相同且介于 0 ～ 255 时，给出灰色。如图 10-6 所示。

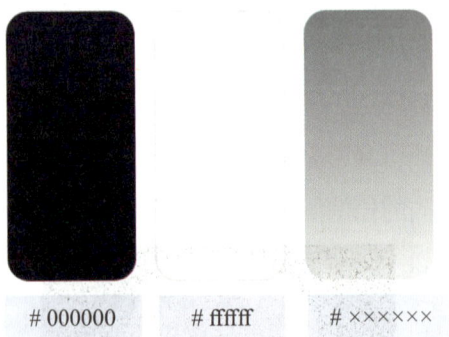

\# 000000　　　　\# ffffff　　　　\# ××××××

图 10-6　黑白灰

(2) 彩色系

当三色光亮度不同时，给出彩色，在 RGB 通道中色光混合公式如下：

① 三原色：亮度一强（255）两弱（0），则给出原色，如红、绿或蓝。颜色如图 10-7 所示。

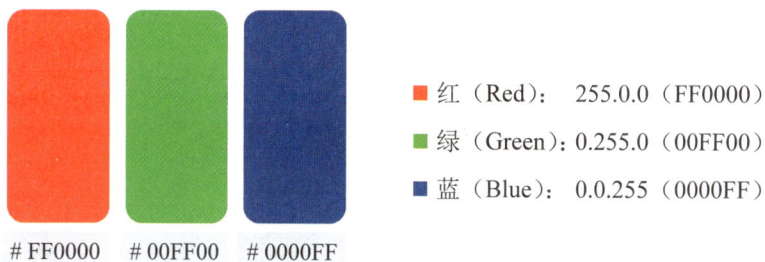

红（Red）：　　255.0.0（FF0000）

绿（Green）：0.255.0（00FF00）

蓝（Blue）：　0.0.255（0000FF）

FF0000　　# 00FF00　　# 0000FF

图 10-7　三原色

② 三间色：亮度两强（255）一弱（0），则给出间色，如黄＝红＋绿，青＝绿＋蓝，品＝蓝＋红。颜色如图 10-8 所示。

黄（Yellow）：　　255.255.0（FFFF00）

青（Cyan）：　　　0.255.255（00FFFF）

品（Magenta）：255.0.255（FF00FF）

FFFF00　　# 00FFFF　　# FF00FF

图 10-8　三间色

③ 六复色：亮度一强（255）一中（128）一弱（0），则给出复色，如橙＝亮红＋中绿，黄绿＝中红＋亮绿，依此类推。颜色如图 10-9 所示。

FF8000

80FF00

00FF80

0080FF

8000FF

FF0080

橙（Orange）：　　　　255.128.0（FF8000）

黄绿（Chartreuse）：　128.255.0（80FF00）

春绿（Spring green）：0.255.128（00FF80）

天蓝（Azure）：　　　0.128.255（0080FF）

紫（Violet）：　　　　128.0.255（8000FF）

玫红（Rose）：　　　　255.0.128（FF0080）

图 10-9　六复色

基于色光混合现象，近代著名的色彩学大师约翰内斯·伊顿（Johannes Itten）绘制了十二色相环，并逐渐应用于各大设计软件。色相环如图 10-10 所示。

223

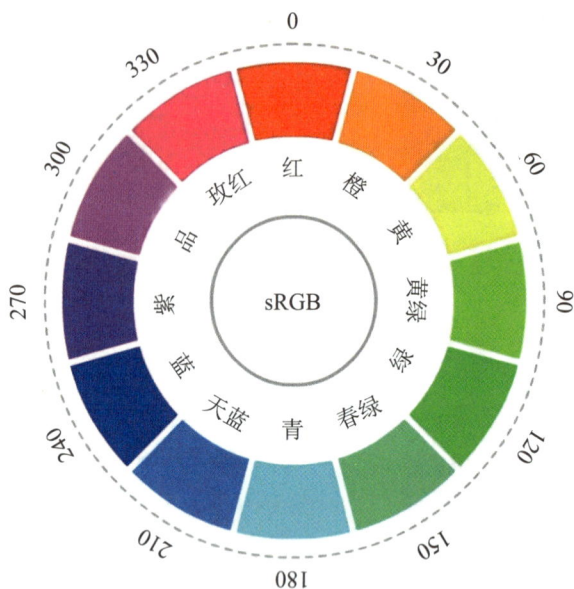

图 10-10　十二色相环

专家指导

　　理解色光混合现象并能识读十二色相环，是做好视频调色的基础。在色彩的运用中，RGB 通道混合占据着非常重要的地位。

任务 2　色彩的三大属性

　　丰富多样的颜色可以分成两个大类：无彩色系和有彩色系。有彩色系的颜色具有三个基本特性——色相（hue）、饱和度（saturation）和明度（lightness），简称 HSL，它们被称为色彩的三大属性。

　　对视频进行调色，其实就是对画面色彩的基本属性进行调整。色彩的三大属性是界定色彩感官识别的基础，灵活应用三属性变化是色彩设计的基础。

　　本任务主要从以下三个方面展开讲解：

➤ 色相

➤ 饱和度

➤ 明度

一、色相

色相是指色彩的相貌，是色彩的首要特征，是区别各种不同色彩最准确的标准。当我们称呼某一色彩时，便会联想到一个特定的色彩印象，如红、橙、黄、绿、青、蓝、紫等，如图 10-11 所示。

图 10-11　色相

从光学意义上讲，色相差别是由光波波长的长短产生的。事实上任何黑、白、灰以外的颜色都有色相的属性，即便是同一类颜色，也能分为几种色相，如黄颜色可以分为中黄、土黄、柠檬黄等，如图 10-12 所示。

图 10-12　黄色系色相

颜色观察的最终评判标准在于人眼，在正常条件下人眼可以分辨出 180 种色相。

二、饱和度

饱和度，又称纯度或彩度，指色彩的鲜艳程度。一种颜色的饱和度越高，它就越鲜艳；反之，就越接近于灰色（如图 10-13 所示）

图 10-13　饱和度对比

原色的饱和度最高，掺杂其他颜色后，颜色的饱和度就会降低。它使用从 0%（灰色）至 100%（完全饱和）的百分比来度量，包含的消色成分越少，饱和度越高，如图 10-14 所示。

图 10-14　饱和度

饱和度和明度很大程度上决定了色彩呈现给用户的感受：饱和度、明度越高，视觉冲击力越强烈；饱和度、明度较低的时候，视觉上也较温和。

三、明度

根据物体表面反射光的程度不同，色彩的明暗程度会不同，这种色彩的明暗程度称为明度。越亮越接近白色，越暗越接近黑色，如图 10-15 所示。

图 10-15　明度

同一种颜色有明暗之分，例如浅蓝色和深蓝色，如图 10-16 所示。其实不同色相间也存在明度差异，在七种纯正的光谱色中，黄色的明度最高，显得最亮，其次依次为橙、绿、红、青、蓝，紫色的明度最低，也显得最暗。

图 10-16　明度对比

任务3　色彩搭配

在现代生活中，色彩搭配既是一项技术性工作，同时也是一项艺术性很强的工作。绘画、图片、视频，甚至穿衣搭配、网页设计等，都离不开色彩的搭配。正确地对色彩进行搭配，可以取得更好的视觉效果。

本任务主要从以下两个方面展开讲解：

➤ 色彩心理

➤ 色彩对比与调和

一、色彩心理

不同波长色彩的光信息作用于人的视觉器官，通过视觉神经传入大脑后，经过思维，与以往的记忆及经验产生联想，从而形成一系列的色彩心理反应。

1. 色彩的冷暖

色彩本身并无冷暖的温度差别，是视觉色彩引起人们对冷暖感觉的心理联想。两种冷暖色如图 10-17 所示。

图 10-17　冷暖对比

（1）暖色：当人们见到红、红橙、橙、黄橙、红紫等色时，会时常联想到太阳、火焰、热血等物象，产生温暖、热烈、激情、危险等感觉。

（2）冷色：当人们见到蓝、蓝紫、蓝绿、青色等色时，易联想到太空、冰雪、海洋等物象，产生寒冷、理智、平静等感觉。

从色相环上来划分冷暖，如图 10-18 所示。

色彩的冷暖感觉，不仅表现在固定的色相上，而且在比较中还会显示其相对的倾向性。如

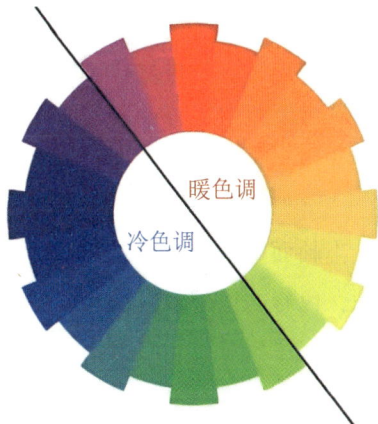

图 10-18　冷暖色调

将绿色放在黄绿色中，绿色成为冷色；把绿色放在蓝色中，绿色看起来会变暖。

2. 色彩的联想与象征

色彩的联想是指基于人们视觉经验的积累，在心理上引发某种与之相关的感觉和情绪，从而产生色彩与某一事物之间联想性的知觉。色彩的联想分为具象和抽象两种（表10-1）。

（1）具象联想：人们看到某种色彩后，会联想到自然界、生活中某些相关的事物。

（2）抽象联想：人们看到某种色彩后，会联想到神秘、理智、高贵等某些抽象概念。

表 10-1　色彩的具象与抽象联想

色彩	具象联想	抽象联想
红	红旗、血液、火……	兴奋、热烈、激情、喜庆、紧张、危险……
橙	夕阳、秋色、柑橘……	愉快、温情、活跃、热情、活泼、甜美……
黄	柠檬、向日葵……	光明、希望、愉悦、明朗、动感、欢快……
绿	草地、树叶、丛林……	和平、新鲜、青春、安宁、寂寞……
蓝	天空、海洋、远山……	清爽、理智、沉静、深远、寒冷……
紫	葡萄、茄子……	高贵、神秘、优雅、悲哀、险恶……
白	雪、白云、棉花……	纯洁、纯真、简洁、清爽、虚无……
灰	水泥、阴云……	沉默、平易、质朴、消极、失望、抑郁……
黑	黑夜、煤炭、墨汁……	深沉、庄重、肃穆、坚定、压抑、恐怖……

二、色彩对比与调和

每种色彩都有自身独特的表达含义，只有解决好色彩与色彩之间的关系，才能使色彩在视频调色中发挥最大的作用。

1. 对比与调和的关系

当画面中出现两种或两种以上的色彩时，就会出现色彩及色彩间的对比，对比主要体现在色彩的色相、明度、纯度、冷暖、面积等方面。

（1）色相对比：由色相间的差别造成的对比，如图10-19所示。

图 10-19　色相对比

（2）明度对比：指色彩间深浅层次的对比，如图 10-20 所示。

图 10-20　明度对比

（3）纯度对比：指因色彩纯度差别而形成的对比，色彩间纯度差别的多少决定纯度对比的强弱，如图 10-21 所示。

图 10-21　纯度对比

（4）冷暖对比：指色彩在心理上感受到的温度感对比，如图 10-22 所示。

图 10-22　冷暖对比图

（5）面积对比：各种色块在构图中所占据的量的比例大小的对比，如图 10-23 所示。

图 10-23　面积对比

对比在视觉上会形成刺激，但刺激过于强烈就会造成精神的紧张和疲劳。因此，色彩出现了对比，就需要对色彩进行调和。将两个或以上的色彩，有秩序、协调统一地组织在一起，形成能使人心情愉快的色彩组合就是色彩调和。

所以色彩对比与色彩调和是两个不能分离的统一体，通过对比使色彩产生差异，画面才生动有变化，利用调和使色彩相互平衡，画面才更加和谐。

2. 色彩调和的方法

在美术概念上，色彩调和的方法有很多种，但站在短视频调色的角度，适用性最强的色彩调和方法有三种：

（1）共性调和：选择共性很强的色彩组合，或增加视频画面中对比色各方的共性，是减弱和避免过分刺激的对比而取得色彩调和的基本方法。

调和方法如下，调和示例如图 10-24 所示。

① 在色相、明度、纯色三属性中有一种是属性完全相同，改变其他属性。

② 运用类似色、邻近色和同种色，容易形成这样的调和。

图 10-24　共性调和示例

（2）色调调和：以色调为主产生的调和，如冷色调、暖色调、中性色调等。

调和方法：在对比色各方中同时混入同一色相，使对比色的色相逐步靠拢，形成具有共同色素的调子。调和示例如图 10-25 所示。

图 10-25　色调调和示例

（3）面积调和：面积调和是指通过面积的增大或减小来达到调和的目的，与明度、饱和度、色相均无关。

调和方法：多色对比时可以扩大其中一色（或同类色组）的面积，使一方处于大面积的主导地位；另一方则为小面积的从属性质，起到"万绿丛中一点红"的调和效果。调和示例如图 10-26 所示。

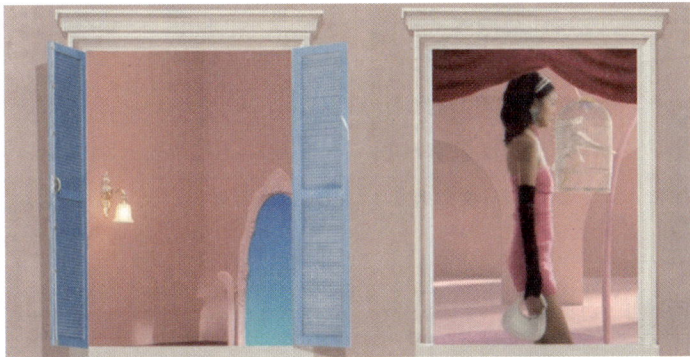

图 10-26　面积调和示例

专家指导

在非 log 模式下拍摄的素材，其素材色彩通常都会十分杂乱、无序，这种情况要让素材达成和谐有序的颜色效果，就很考验剪辑师的色彩调和水平了。

课程实践

本项目的实践环节共有 1 个任务，请同学们参照配套实训书，完成任务。

任务序号	实训名称	主要工作内容
1	色彩练习	完成色彩三属性、对比色/相邻色/互补色/冷暖色等练习

课后思考

回顾本项目内容，回答以下问题：

1. 色光三原色是哪三种颜色？三原色的作用是什么？

2. 色彩的三大属性是什么？请简述它们的作用。

3. 请简要描述色彩对比与调和的关系。

延伸拓展

扫码阅读以下学习资源，拓展自己的知识和视野。

文章 1：色彩构成原理

文章 2：六大色彩平衡法则

文章 1　　　　　文章 2

思政园地

以短视频方式销售盗版图书侵害著作权案

思政元素：遵纪守法，版权意识。

某出版社经作者授权依法获得某图书（以下简称"涉案图书"）的专有出版权。胡某某在某有限公司运营的电商平台中开设店铺（以下简称"涉案店铺"），销售盗版的涉案图书（以下简称"被诉图书"）并在某科技公司运营的短视频平台中推广、销售被诉图书。某出版社认为，胡某某未经许可销售被诉图书，侵害了其就涉案图书享有的专有出版权。某有限公司作为电商平台的运营者、某科技公司作为短视频 APP 的运营者，为胡某某销售被诉图书提供便利和帮助，未尽平台的审核义务，构成帮助侵权，故诉至法院。请求判令三被告共同赔偿某出版社经济损失 165 397 元及合理开支 12 020 元。

法院一审认为，某出版社依法享有涉案图书专有出版权。胡某某未经许可，在短视频平台中以短视频的方式推广、宣传被诉图书，并通过涉案店铺销售被诉图书，侵害了某出版社享有的专有出版权。胡某某虽主张被诉图书系第三方进货，其并不知晓所销售的为盗版图书，但并未提交其采购被诉图书的相关凭证，其作为以销售图书为主的经营者，应当对其所销售图书的质量、价格以及供货来源等具有一定的鉴别能力，而被诉图书与涉案图书有较大区别，亦无防伪标志。据此，法院对其合法来源抗辩不予采信。至于某有限公司和某科技公司，法院认为某有限公司作为电商平台的运营者、某科技公司作为短视频平台的运营者，已经尽到了合理的注意义务，无须承担相应责任。

最终法院结合涉案图书的知名度、被诉图书的销售数量及与正版图书一致的销售单价、胡某某的主观过错、用于宣传推广被诉图书的短视频的点赞量及评论量等因素，确定胡某某赔偿某出版社 7 万元及合理开支 1 520 元。本案一审宣判后，某出版社和胡某某提起上诉，二审维持原判。

本案是以短视频方式宣传、推广、销售盗版图书的典型案件。随着短视频、直播等线上新兴渠道的兴起，新一代消费人群的消费习惯也逐渐发生改变，以直播或短视频方式销售图书，已经成为图书出版行业新的拓展市场方式和赛道。然而，一些盗版图书销售者利用直播、短视频平台销售盗版侵权出版物，以假乱真，甚至销售价格与正版图书无异，严重扰乱了图书出版行业在新兴领域的健康发展秩序。本案判决对于通过短视频平台销售盗版图书的行为给予否定性司法评价，并在判赔数额中充分考量其通过该方式所获收益，同时对短视频平台及电商平台在构建防控盗版图书体系中应尽的注意义务进行评价，有利于维护良好的图书出版秩序，保护作者利益，优化图书销售平台的营商环境。

（资料来源：典型案例 | 以短视频方式销售盗版图书侵害著作权案 [EB/OL]．（2024-11-08）[2024-11-29]．https://www.thepaper.cn/newsDetail_forward_29291723）

思考与讨论

1. 以上案例说明了什么？
2. 在短视频平台发布视频需要注意什么？

11

项目十一　视频调色操作

项目内容

　　Premiere 提供了相当强大的调色功能，不仅能对颜色进行校正，还能对色彩细节进行调节，增强画面视觉效果，为创作者提供了极大的操作空间。本项目主要结合 Lumetri 面板，对视频调色的流程及具体操作展开详细讲解。

建议课时：6 课时

学习目标

知识目标	技能目标	思政素养目标
• 能说明 Lumetri 范围面板及颜色面板的作用； • 能概述一级调色和二级调色的原理及区别； • 能概述一级调色和二级调色的操作方法。	• 能独立完成视频调色的操作练习； • 能运用一、二级调色对视频进行色彩处理。	• 强化求真务实、勇于探索的职业素养； • 树立弘扬传统文化的精神； • 培养承担社会责任的品质。

课程导图

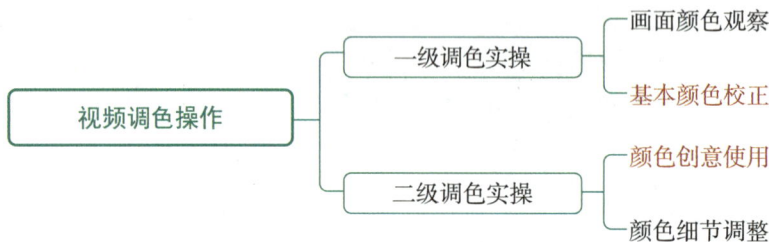

视频调色操作
- 一级调色实操
  - 画面颜色观察
  - 基本颜色校正
- 二级调色实操
  - 颜色创意使用
  - 颜色细节调整

案例导入

经过理论基础的学习，小万已经掌握了色彩的基本原理，明白了调色背后的逻辑，现在缺乏的就是实操练习，将理论应用于实践，知行合一。

小万打开 Premiere，运用 Lumetri 面板对剪辑好的素材片段进行调色。经过一番尝试，小万看着颜色杂乱无章的视频素材陷入了沉思：电影里高光偏冷的色调看着很简单，可自己怎么偏偏就调不出来。

为了解决这个问题，小万上网查询了很多资料都没得到一个准确的答案，直到他看到一篇文章瞬间茅塞顿开——原来调色也是有流程的，一级调色校正颜色，二级调色塑造风格。顺着这个思路继续挖掘，小万对调色又有了新的认知，素材颜色乱七八糟，就要对色调进行统一，要塑造电影风格，学会使用 Look 事半功倍。经过最后的调色，家乡文化宣传视频终于大功告成。

回首望去，时间匆匆，自从学习短视频制作以来，小万不畏困难、坚持不懈，汗水浇灌果实，努力终有收获。将视频上传到网络平台后，在很长的一段时间里，小万陆续收到全国各地网友的赞美。让世界看到乡村，让文化传播四海，这一刻，小万自豪极了！

【思考】

认真思考以下问题，并带着疑问进入课堂寻找答案吧。

1. 波形、示波器和分量 RGB 的作用是什么？

2. LUT 是什么？要怎么用添加与使用？

3. 要对视频中某种颜色进行调和，要用什么工具进行颜色选择？

任务 1　一级调色实操

在前期的视频拍摄中，环境、光线等因素的影响，会导致视频画面颜色出现不同程度的颜色偏差，因此就需要对视频颜色进行校正，这个过程就称为一级调色。要做好一级调色，就要遵循先观察后校正的操作流程。

本任务主要从以下两个方面展开讲解：

➤ 画面颜色观察

➤ 基本颜色校正

一、画面颜色观察

当人们观察两种相近颜色时，感受会受到其中一种颜色的影响，从而对颜色的判断出现偏差；并且显示器的不同也会导致显示的颜色存在偏差。为了避免这种情况，在 Premiere 中观察画面颜色，可以借助"Lumetri 范围"面板中的矢量示波器、波形图、直方图、分量对颜色进行客观、准确的分析。

1. 矢量示波器

矢量示波器是一个圆形图表，用于监视图像的颜色信息。"Lumetri 范围"面板提供了 HLS 和 YUV 两种矢量示波器。

（1）HLS 矢量示波器

HLS 矢量示波器可以直观地显示色相、亮度、饱和度的信息。圆形表盘的圆周代表了色相环，圆心到边缘代表饱和度，灰色代表亮度，如图 11-1 所示。

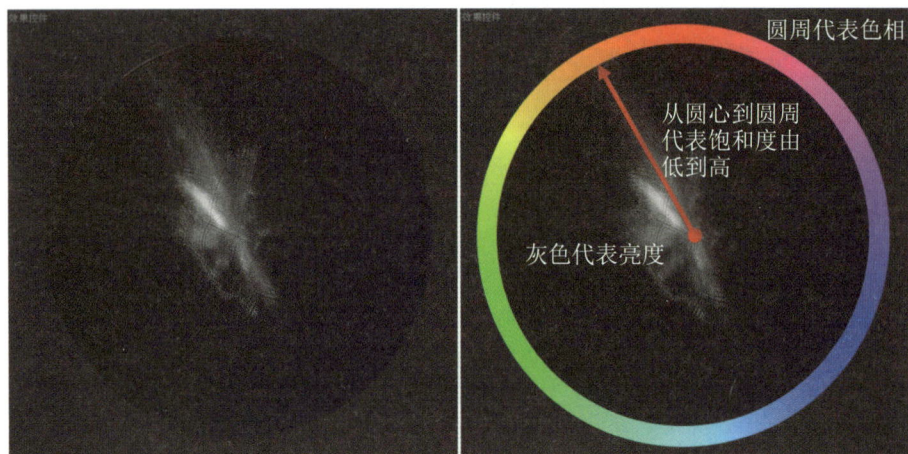

图 11-1 HLS 矢量示波器

（2）YUV 矢量示波器

YUV 分别表示颜色的亮度、色度和浓度。在示波器中有六种颜色的字母：R（红）、G（绿）、B（蓝）、Yl（黄）、Cy（青）、Mg（洋红）。六个方框连接起来的区域就表示颜色的安全区域，如图 11-2 所示。

颜色范围（烟雾）的作用：

① 颜色范围偏向哪个色相，表示哪个颜色范围多。

② 颜色范围离中心越远，饱和度越高；离中心越近，饱和度越低。

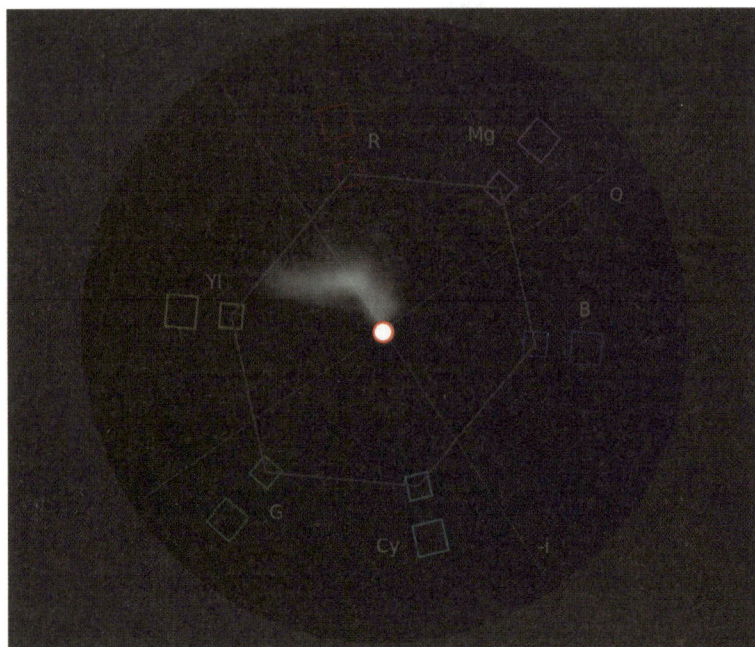

图 11-2 YUV 矢量示波器

2. 波形

波形图可以用于简单地判断画面局部颜色及整体色调。在"Lumetri 范围"面板中，波形图类型共有四种，如图 11-3 所示。

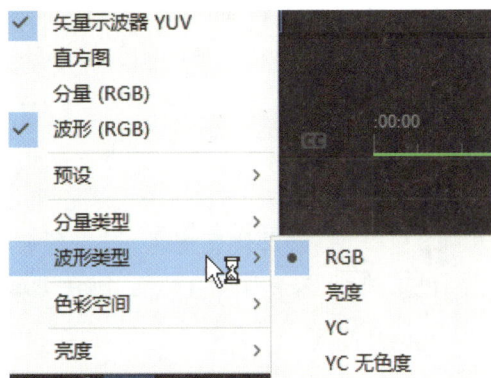

图 11-3　波形类型

（1）RGB：显示所有颜色的亮度变化。

（2）亮度：显示画面 IRE 值（亮度值），可以有效地分析画面的亮度并测量对比度比率。

（3）YC：用绿色显示画面亮度，用蓝色显示画面色度。

（4）YC 无色度：只显示亮度，不显示色度。

在四种波形图中，最常用的就是 RGB 波形，"Lumetri 范围"面板中默认显示的也是 RGB 波形图，如图 11-4 所示。

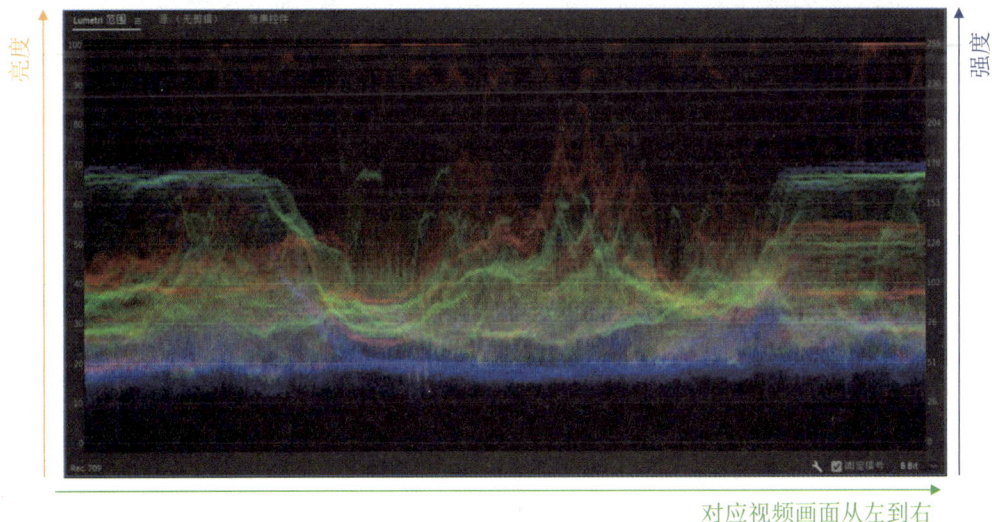

对应视频画面从左到右

图 11-4　RGB 波形图

波形图中显示的是当前时间画面的色彩和亮度信息。波形图的左侧纵坐标表示

0～100 的亮度值，右侧纵坐标表示颜色强度 0～255，横向坐标代表的是视频横向空间位置对应像素点的色度信息。

波形图的上下变化，则代表画面亮度的变化。波形越高，代表画面越亮，超过100，画面会曝光过度；波形越低，代表画面越暗，低于 0，会丢失画面的暗部细节，失去暗部的层次。因此在一般调色时，要让波形的阴影部分处于刻度 10 附近，高光部分处于刻度 90 附近。

3. 直方图

直方图显示的是视频的暗亮程度，底部代表暗度，顶部代表亮度，中间代表中间调。某种颜色越集中于顶部，则代表越亮；越集中于底部，则代表越暗。因此可以通过直方图准确评估视频的阴影、中间调和高光。

例 如图 11-5 所示直方图中，上图红色集中在顶部，则代表红色过亮，会导致画面偏红；下图颜色集中在中底部，代表画面偏暗，曝光不足。

图 11-5　直方图对比

4. 分量

分量图相当于把波形图的 RGB 值分离出来单独显示，性质与波形图基本一致，分量图左侧 0～100 数值代表的是亮度值，右侧 0～255 代表颜色强度，从上到下分为三个部分：高光区、中间调区和阴影区。

分量图的主要作用是观察画面中红、绿、蓝的色彩平衡，通过 RGB 色彩的加色原理解决素材画面的偏色问题。

例　　如图 11-6 所示分量图中，红色高于其他颜色，且都集中在高光区，这时要使画面颜色达到平衡，应当削弱红色，即增加红色的对比色。

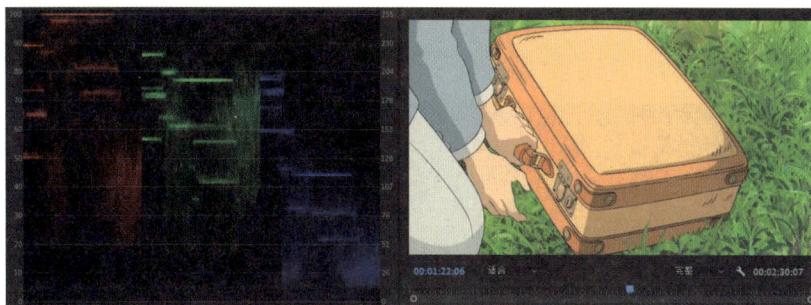

图 11-6　分量图

专家指导

"Lumetri 范围"面板中的四种图形的功能及用途：

（1）矢量示波器用来测量画面色相和饱和度，可以判断画面色彩倾向和分布。

（2）波形图用来观察画面亮度，可以判断画面是否过曝或过暗。

（3）直方图用来观察画面的高光、中间调和阴影。

（4）分量图用来找出画面中的偏色信息。

二、基本颜色校正

在对视频的画面颜色进行观察后，可以通过"Lumetri 颜色"面板中的"基本校正"来进行视频的一级调色。"基本校正"提供了白平衡和色调两种颜色调节功能，如图 11-7 所示。要调整参数，请拖动滑块或直接输入数值，直至实现预期的效果。

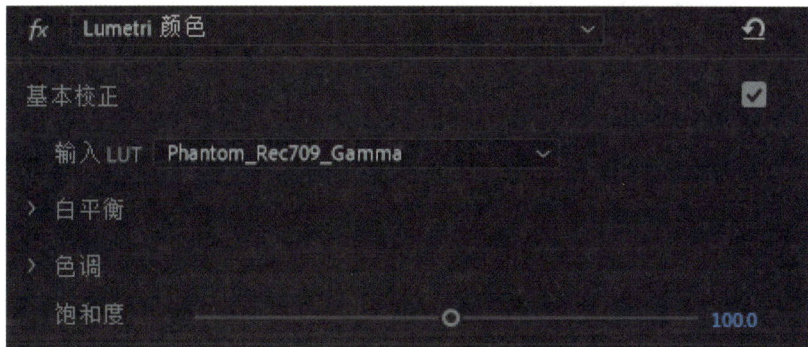

图 11-7　基本校正

1. 调节白平衡

白平衡含有色温和色彩两种调节属性，如图 11-8 所示。当视频画面出现偏色时，可以通过调节色温和色彩的数值，对偏色进行校正。使用吸管功能，单击素材中白色或中性色的区域，系统会自动调整白平衡。

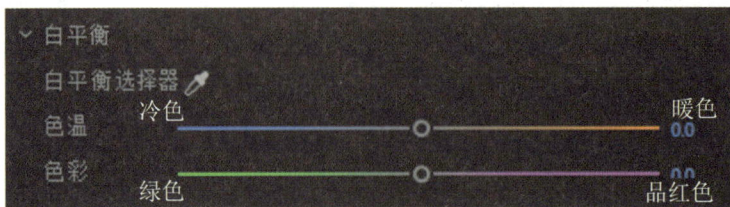

图 11-8　白平衡

例　如图 11-9 所示图有明显偏色，通过分量图观察，红色高光过强，应当削弱红色，因此需调节色彩增加绿色；由于拍摄时间是傍晚，因此整体画面应呈现暖色，可以适当增加暖色色温。

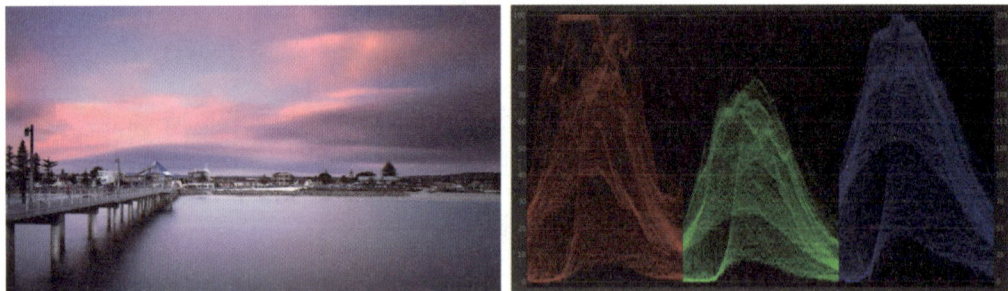

图 11-9　偏色示例

2. 调节色调

色调用来调节视频画面的曝光、对比度、阴影、高光、饱和度等多种色彩属性，如图 11-10 所示。

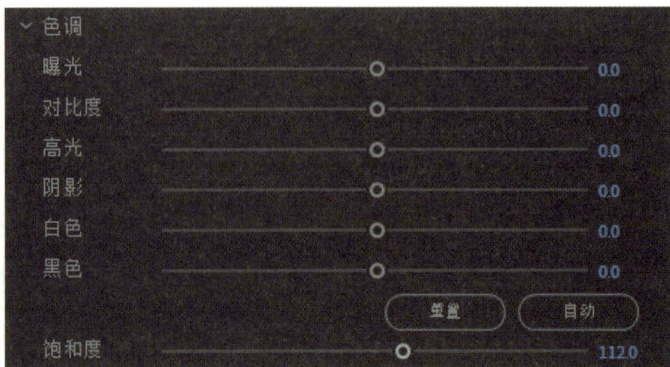

图 11-10　色调

各项功能说明如下：

（1）曝光：调节画面整体的亮度。

（2）对比度：调节画面中间调，增加对比度时，中间到暗区变得更暗。同样，降低对比度可使中间到亮区变得更亮。

（3）高光：调整画面高光区域，使高光变亮或变暗。

（4）阴影：调整暗区，使阴影变暗，或使阴影变亮并恢复阴影细节。

（5）白色：增加或减少对高光的修剪。

（6）黑色：增加或减少对阴影的修剪，增加会使阴影变为纯黑色。

（7）饱和度：均匀地调整视频中所有颜色的饱和度。

根据视频画面颜色的具体情况，选择对应的色调属性进行调节。如果不知道怎么调整，也可以单击"自动"按钮，让系统自动处理。

例 如图 11-11 所示画面曝光过度，整体呈现白蒙蒙的感觉，这时可以减少高光和对比度，降低曝光，再加深饱和度，深化颜色。

高光 -70
对比度 -30
饱和度 150

图 11-11　曝光画面处理

3. 输入 LUT

LUT 是一种色彩查找映射表，可简单理解成一种色彩预设。如果在前期拍摄的时候使用了相机的 log 色彩模式，就需要输入 LUT 将 log 模式转换为 709 色彩模式，即将灰度视频转换为正常效果，如图 11-12 所示。

log 视频　　　　　　　　　　输入 LUT

图 11-12　输入 LUT

任务 2　二级调色实操

二级调色是在一级调色的基础上融入风格化的颜色,使视频画面形成某种色调氛围,以此凸显视频要表达的情感。如表达复古,通常以青灰色为主,搭配天蓝、藏青、深绿等偏冷的色调;表达庄重,以黑金色调居多。二级调色既需要客观理论支持,又需要发挥主观审美,因此它没有绝对的标准。

本任务主要从以下两个方面展开讲解:

➤ 颜色创意使用

➤ 颜色细节调整

一、颜色创意使用

在"Lumetri 颜色"面板中,"创意"提供了各种"Look",可以快速调整视频画面的颜色。在后期调色中,使用 Look 不仅可以提升工作效率,甚至对于一些较难实现的风格化色调,套用 Look 也可以一键实现。

1. 套用 Look

Look 是设计用于更改剪辑的外观和颜色样式的 LUT。简单来说,Look 就是预设好的风格化调色模板,如图 11-13 所示。在预览窗口可以看到应用后的效果,如果效果合适,点击预览窗口即可将该预设应用到视频上。

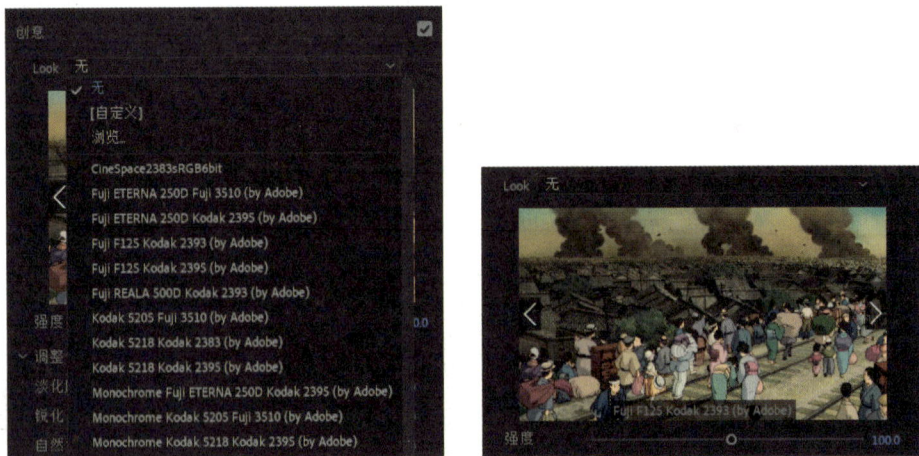

图 11-13　Look 文件

Premiere 内置了几十种调色预设,也可以从网上下载各种风格的 LUT 文件,点击"自定义"找到对应的 LUT 文件导入即可使用,如图 11-14 所示。

名称 ^	修改日期	类型	大小 ∨
300 - Fight In Storm.cube	2022/10/23 18:33	CUBE 文件	113 KB
300 - God King.cube	2022/10/23 18:33	CUBE 文件	113 KB
Agfa APX.CUBE	2022/10/23 18:33	CUBE 文件	865 KB
Agfa Isopan Record.CUBE	2022/10/23 18:33	CUBE 文件	865 KB
Agfa Scala.CUBE	2022/10/23 18:33	CUBE 文件	865 KB
Annihilator.cube	2022/10/23 18:33	CUBE 文件	336 KB
Arri alexa and Amira.cube	2022/10/23 18:33	CUBE 文件	113 KB
BattleField.cube	2022/10/23 18:33	CUBE 文件	126 KB
better BW skin.cube	2022/10/23 18:33	CUBE 文件	128 KB
Black Mamba.cube	2022/10/23 18:33	CUBE 文件	336 KB
Bleach Bypass Cold.cube	2022/10/23 18:33	CUBE 文件	129 KB
Bleach Bypass Hot.cube	2022/10/23 18:33	CUBE 文件	129 KB

图 11-14　LUT 文件

专家指导

cube 文件和 look 文件有什么区别呢？

两者都是调色预设文件，在 Premiere 里应用的效果是相同的。不过 look 文件是 Premiere 的专有格式，而 cube 文件可以在其他调色软件上，属于通用格式。

2. 调整创意

应用 Look 后，如果对调色效果不满意，还可以在 Look 的基础上进行二次调整，调整参数如图 11-15 所示。

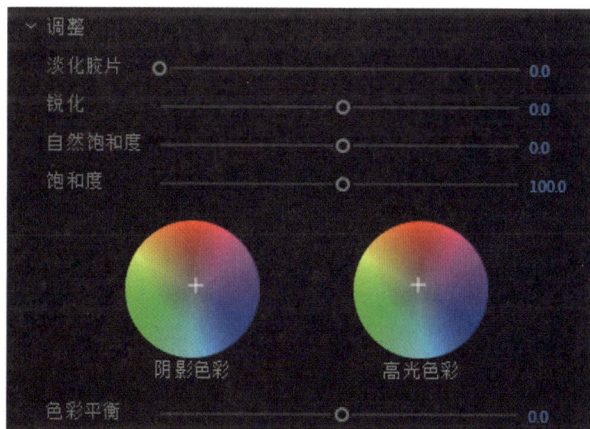

图 11-15　Look 调整

各项功能说明如下：

（1）淡化胶片：向视频应用淡化影片效果。

（2）锐化：调整边缘清晰度，增加锐化可使视频中的细节更明显。

（3）自然饱和度：对饱和度的调节有界限，可以防止肤色饱和度过高。

（4）饱和度：均匀地调整剪辑中所有颜色的饱和度。

（5）色彩轮：调整阴影和高光中的色彩值。要应用色彩，按住光标往对应颜色拖动即可。提示：空心轮表示未应用任何内容。

（6）色彩平衡：平衡剪辑中任何多余的洋红色或绿色。

对 Look 调整后，可以将完成的调色效果导出为新的 LUT 文件，以便下次使用。点击"Lumetri 颜色"右侧的 ▤ ，选择任一格式导出即可，如图 11-16 所示。

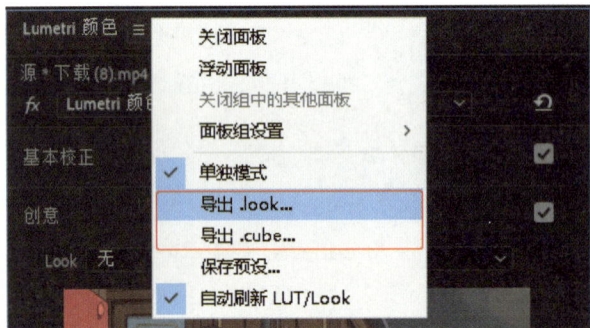

图 11-16　导出 LUT

二、颜色细节调整

套用 Look 对视频调色虽然方便，但是有一定的局限性，如无法实现个性化的视频色彩风格。当要自行对视频进行二次调色时，"曲线""色轮和匹配""HSL 辅助"等都是最常用的调色工具。

1. 调节曲线

利用曲线功能可进行快速和精确的颜色调整，以获得自然的外观效果。曲线类型有 RGB 曲线和色相饱和度曲线两种，如图 11-17 所示。

图 11-17　曲线

（1）RGB 曲线

主曲线控制亮度，还可以单独调整红、绿、蓝通道曲线，如图 11-18 所示。一般情况下，RGB 曲线需要配合波形或分量来进行处理。

图 11-18　RGB 曲线

调节方法为：

（1）如图 11-19 所示，将控制点拖向左上区域添加高光，拖向右下区域添加阴影。

图 11-19　RGB 曲线调节方法（1）

（2）如图 11-20 所示，要调整不同的色调区域，选择对应颜色曲线添加控制点进行调整。

图 11-20　RGB 曲线调节方法（2）

（3）要使色调区域变亮或变暗，应向上或向下拖动控制点；要增大或减小对比度，应向左或向右拖动控制点，如图 11-21 所示。

图 11-21　RGB 曲线调节方法（3）

（4）要删除控制点，应按住 Ctrl（Windows）或 Cmd（macOS）并单击控制点，如图 11-22 所示。

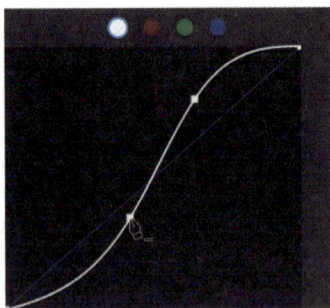

图 11-22　RGB 曲线调节方法（4）

（2）色相饱和度曲线

色相饱和度曲线下包含五种曲线调节方式，分别是色相与饱和度、色相与色相、色相与亮度、亮度与饱和度、饱和度与饱和度。

这五种曲线的功能各不相同，但调节方法是相同的，如图 11-23 所示。

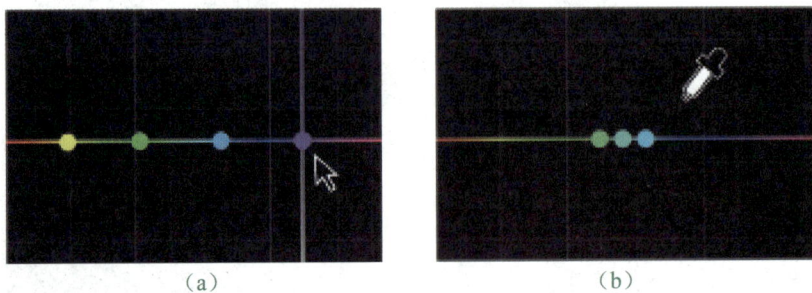

（a）　　　　　　　　　　　　　　　（b）

（c）

（d）

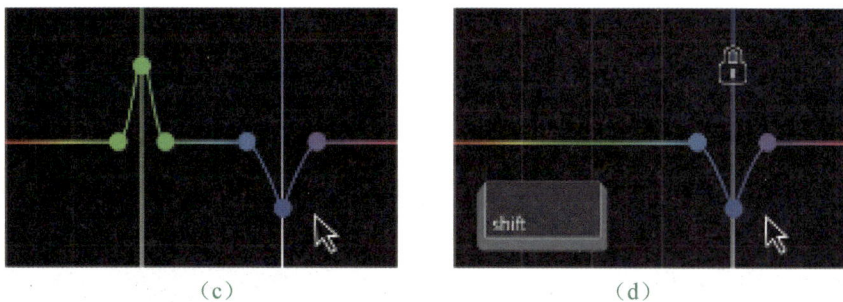

图 11-23　色相饱和度曲线调节方法

（a）直接单击曲线可逐一添加单个控制点（可添加控制点的数量无限）；（b）使用滴管工具在节目监视器上选择一种颜色，可向曲线添加三个控制点；（c）如须增加或减小选定范围的输出值，则向上或向下拖动中心控制点；（d）按下 Shift 键可将 X 处的控制点锁定，使其只能上下移动

① 色相与饱和度：利用此曲线，可选择性编辑图像内任意色相的饱和度。

例　如图 11-24 所示，曲线被用于提升图像的饱和度水平，让女孩肤色更加自然。同时增加了蓝天的饱和度，从而让图像整体的感觉更加温暖。

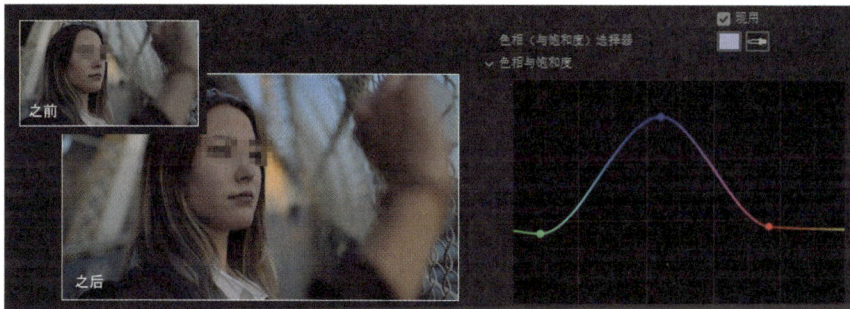

图 11-24　色相与饱和度曲线示例

② 色相与色相：利用此曲线，可将一种色相变成另一种色相。

例　如图 11-25 所示，曲线被用于更改女孩裙子的色相。

图 11-25　色相与色相曲线示例

③ 色相与亮度：利用此曲线，可提高或降低特定颜色的亮度。

例　　如图 11-26 所示，调低淡蓝色天空及其水中倒影的亮度，从而让图像更加生动。

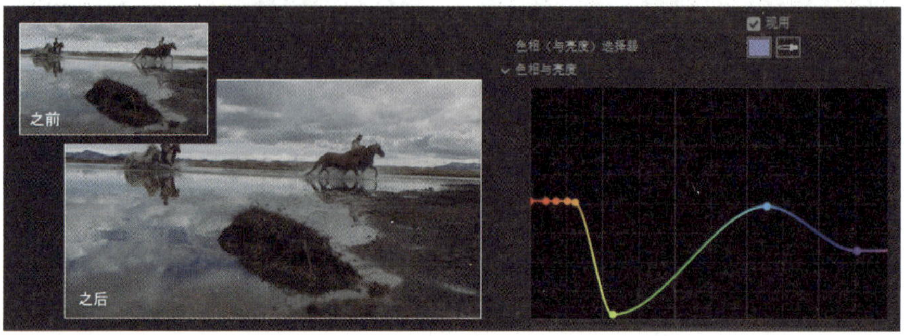

图 11-26　色相与亮度曲线示例

④ 亮度与饱和度：利用此曲线，可提高或降低特定颜色的亮度。

例　　如图 11-27 所示，曲线被用于略微增加对应亮度范围内的蓝色色调。

图 11-27　亮度与饱和度曲线示例

⑤ 饱和度与饱和度：利用此曲线，可提高或降低特定颜色的亮度。

例　　如图 11-28 所示，曲线被用于降低过饱和蓝色墙体的饱和度，而不会影响图像中具有相同的蓝色色彩但饱和度较低的海豚的颜色。

图 11-28　饱和度与饱和度曲线示例

2. 色轮和匹配

使用色轮，可以对镜头的阴暗或光亮区域进行细微的颜色校正。三个色轮分别用于调整中间色、阴影和高光，如图 11-29 所示。

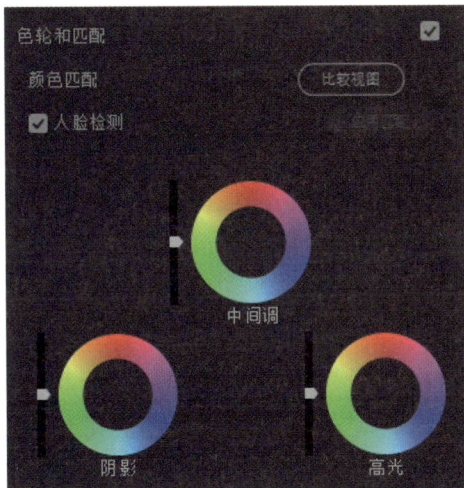

图 11-29　三种色轮

颜色匹配常用于比较整个序列中两个不同镜头的外观，确保一个场景或多个场景中的颜色和光线外观匹配。

例　在序列中，两个剪辑片段的颜色风格不一致，如图 11-30 所示。此时可通过颜色匹配对两个片段颜色进行统一。点击"比较视图"，拖动前视图选择一个时间点，点击"应用匹配"，即可将前视图颜色匹配到后视图画面。

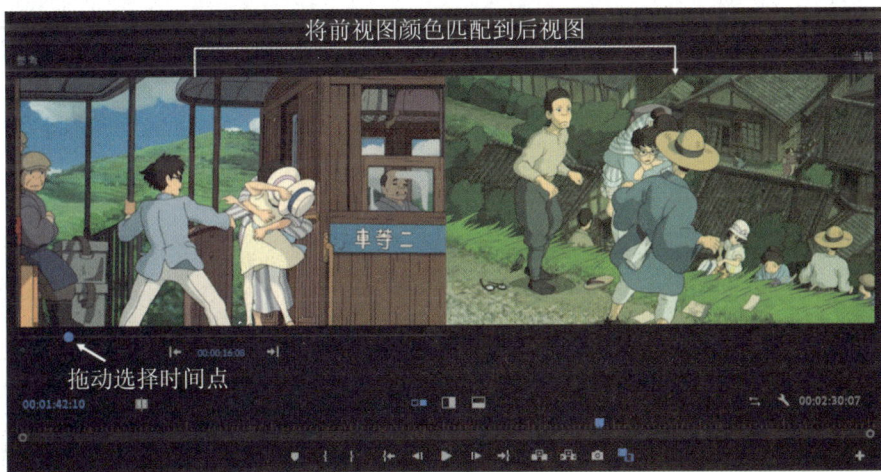

图 11-30　比较视图

3.HSL 辅助

HSL 辅助工具用来选色，对选择的特定颜色进行控制调节，目标是局部颜色，而不是整幅图像。HSL 辅助如图 11-31 所示。

图 11-31　HSL 辅助

HSL 辅助模块内的上下顺序反映了基本处理流程：

（1）通过"键"来选择区域并设置遮罩

首先通过"键"中的吸管工具拾取目标颜色，使用加号和减号吸管可添加或删除选区中的像素，如图 11-32 所示。

图 11-32　吸取颜色

勾选"彩色/灰色"旁边的复选框，查看受影响的范围，如图 11-33 所示；使用滑块顶部的三角块，可扩展或限制范围优化选区，如图 11-34 所示。

图 11-33　查看颜色范围

图 11-34　扩展选区

（2）通过"优化"来调整遮罩边缘

调整范围，直到蒙版覆盖整个所需区域为止。使用"降噪"滑块可平滑颜色过渡，并移除选区中的所有杂色。操作图像时，颜色会进行统一调整。使用"模糊"滑块可柔化蒙版的边缘，以混合选区。如图 11-35 所示。

图 11-35　优化选区

（3）通过"更正"来调色

确定颜色选区范围后，使用"更正"中的分级调具进行调色。取消选中"彩色/灰色"旁边的复选框，可查看更改。如图 11-36 所示。

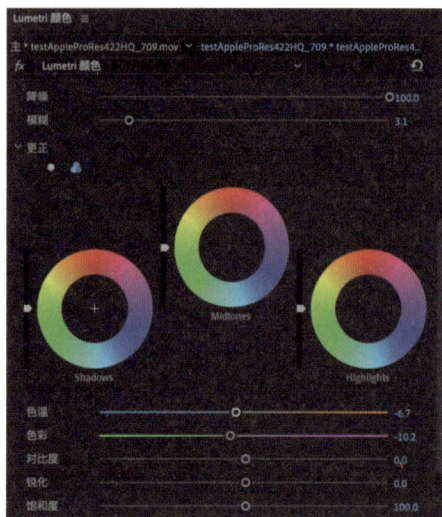

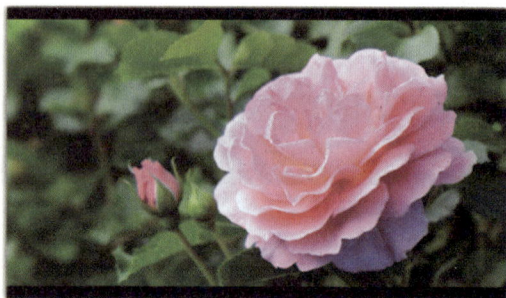

图 11-36　更改颜色

4. 晕影

应用晕影以实现在边缘逐渐淡出、中心处明亮的外观效果。晕影控件可控制边缘的大小、形状以及变亮或变暗量，如图 11-37 所示。

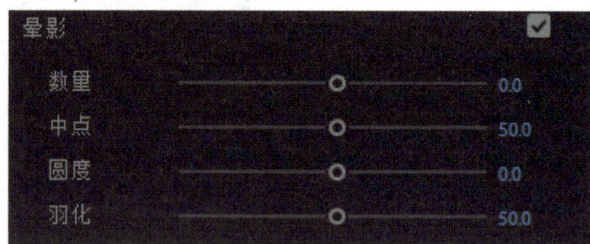

图 11-37　晕影

例　给人物创建晕影效果，示例效果如图 11-38 所示。

图 11-38　晕影示例

课程实践

本项目的实践环节共有 3 个任务，请同学们参照配套实训书，完成任务。

任务序号	实训名称	主要工作内容
1	调色操作练习	完成基本校正、添加 LUT、应用 Look、调节曲线、HSL 保留单色等操作练习
2	风景视频一级调色	完成一级调色训练
3	人物视频二级调色	完成二级调色训练

课后思考

回顾本项目内容，回答以下问题：

1. 联系之前所学知识，概述"Lumetri 范围"面板中各图形的作用。

2. 什么是 Look？如何添加及使用 Look？

3. 简述五种色相饱和度曲线各自的功能。

延伸拓展

扫码阅读以下学习资源，拓展自己的知识和视野。

文章 1：Premiere 基础调色 LUT 搭配使用思路

文章 2：用 Premiere 设置统一色调

文章 3：用 Premiere 给人像调肤色

文章 1

文章 2

文章 3

思政园地

校园霸凌竟成短视频创作"灵感源泉"

思政元素：社会道德、法治教育。

"我被霸凌了，校霸抽了我 800 个嘴巴子，我不服，放学后把他约在小花园，他又抽了我 800 个嘴巴子，我服了。"

这样的桥段出现在某社交平台所谓的搞笑短视频中。一女孩挤眉弄眼，用浮夸的动作表演自己被校霸"抽嘴巴子"，通过动作和情节的"反差"达到搞笑效果。在评论区，有网友评价称"这是我最支持校霸的一集""早知道就让他抽你 1 600 个嘴巴子了"。

看着这些充满戏谑的短视频，就读于江苏南京某大学研究生一年级的张欣（化名）感觉到非常不适。她曾有过被霸凌的经历，"霸凌是非常严肃的事情，不应该这样玩梗"。

《法治日报》记者采访发现，网络上存在将校园暴力娱乐化的趋势，一些人甚至用校园暴力进行引流。在短视频平台，"校园霸凌"成了部分创作者的"灵感源泉"，"我被霸凌了""校园爸临""美式校园霸凌"等新梗频出。此外，目前流行的微短剧也充斥校园霸凌情节，其中不乏父母发现孩子被霸凌后"以暴制暴"等场景。

多名受访专家认为，将校园暴力娱乐化，不仅容易再次伤害受害者，让施暴者更加肆无忌惮，还容易让网友对相关求助产生漠视甚至抵触心理，亟待依法整治。

（资料来源：校园霸凌竟成短视频创作"灵感源泉"[EB/OL].（2024-08-03）[2024-11-29].https://baijiahao.baidu.com/s?id=1806324597208274844&wfr=spider&for=pc）

思考与讨论

1. 在追求创作热点与维护受害者情感、社会公序良俗之间，应如何平衡？

2. 在短视频平台发布视频需要注意什么？短视频平台在审核这类以校园霸凌为灵感的视频时，应遵循怎样的审核标准？如何确保不传播有害、不良导向的内容？